結合基礎理論與維修實際應用

汽車維修 技能
全程圖解

周曉飛 編著　黃國淵 審定

U0073213

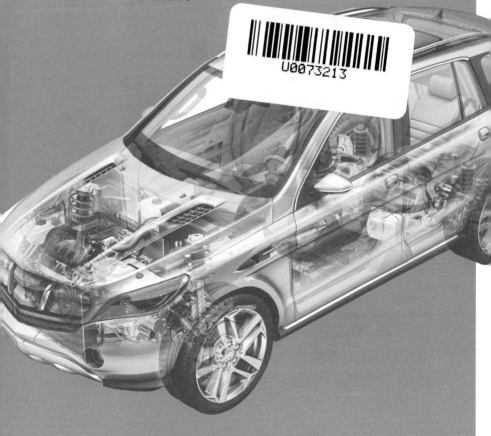

《汽車維修技能全程圖解》一圖一解地講述了汽車維修基礎、引擎系統維修、手排變速箱維修、自動變速箱維修、車身電器系統與底盤系統六大章內容。

本書基本理論與維修實際應用相結合。以實際維修應用為宗旨，以短期提升實際技能為突出目標，適於汽車維修人員閱讀，同時也可以作為相關企業的培訓用書和技專院校師生的參考用書。

汽車維修技能全程圖解（第二版）
本書由化學工業出版社有限公司經大前文化股份有限公司正式授權中文繁體字版權予楓葉社文化事業有限公司出版
Copyright © Chemical Industry Press Co., Ltd.
Original Simplified Chinese edition published by Chemical Industry Press Co., Ltd.
Complex Chinese translation rights arranged with Chemical Industry Press Co., Ltd., through LEE's Literary Agency.

汽車維修技能全程圖解

出　　　版／楓葉社文化事業有限公司
地　　　址／新北市板橋區信義路163巷3號10樓
郵 政 劃 撥／19907596 楓書坊文化出版社
網　　　址／www.maplebook.com.tw
電　　　話／02-2957-6096
傳　　　真／02-2957-6435
編　　　著／周曉飛
審　　　定／黃國淵
企 劃 編 輯／陳依萱
校　　　對／周佳薇
港 澳 經 銷／泛華發行代理有限公司
定　　　價／380元
出 版 日 期／2022年8月

國家圖書館出版品預行編目資料

汽車維修技能全程圖解／周曉飛作. -- 初版.
-- 新北市：楓葉社文化事業有限公司,
2022.08　面；　公分

ISBN 978-986-370-440-9（平裝）

1. 汽車維修

447.164　　　　　　　　111008432

編寫人員

主　　編　周曉飛

副 主 編　陳曉霞

編寫人員　周曉飛　陳曉霞　萬建才

　　　　　　趙　朋　董曉龍　邊先鋒

　　　　　　宋東興　劉振友　趙小斌

　　　　　　江珍旺　王立飛　溫　雲

　　　　　　彭　飛　李飛霞　李飛雲

　　　　　　趙義坤　劉文瑞　張建軍

　　　　　　梁志全　樊志剛　宋亞東

　　　　　　石曉東

前言

　　隨著汽車產業的迅猛發展，特別是電控技術在汽車上的發展和應用，對汽車維修技術的要求也越來越高。汽車維修技術人員也成為備受行業追捧、具有熟練操作維修能力的實用型高技能人才。為著重在當代汽車維修產業和維修技術人員的技術需求，我們組織編寫了《汽車維修技能全程圖解》這本書。本書以一圖一解的編排方式貫穿全書；以「先入門、後入行」的漸進策略組織內容；基本理論與維修實際應用相結合。以實際維修應用為宗旨，以短期提升實際技能為突出目標。本書第一版自2013年出版以來，多次重印，累計印數超過70000冊，備受汽車維修技術人員的喜愛。但是由於汽車技術發展迅猛，為了更好地滿足汽車維修技術人員的需求，並且不斷地完善和更新本書內容，於是推出了第二版。第二版在內容上保持了原書的編寫框架和內容特色，在其基礎上進行了修改、刪減和更新。例如，刪去了福斯汽車舊款捷達的引擎冷卻系統，並更新為福斯汽車 EA211引擎冷卻系統及相關內容；刪去了電路中列舉的中國富康等老舊車型，更新為現在主流的福斯汽車Golf等車型；修改了電器電路中的相關細節（如接線代碼、繼電器及保險絲等）；修改了有關章節中個別文字細節描述不夠嚴謹的具體內容；更換和修改一些插圖等。

本書內容分六章，依次講述了汽車維修基礎、引擎系統維修、手排變速箱維修、自動變速箱維修、車身電器系統維修與底盤系統維修。各章節講述思路清晰，方法得當，目標明確；易學易懂，重於實際應用。本書適於汽車維修人員閱讀，可作為相關企業的培訓和專業院校師生的參考用書，也可以作為自學讀本使用。由於我們專業有限，書中難免有不妥之處，敬請廣大讀者批評指正。

編者

第 **2** 章
引擎系統維修

002

第 **4** 章
自動變速箱維修
241

第 5 章
車身電器系統

296

第 **6** 章
底盤系統
370

第 1 章

汽車維修基礎

汽車維修技能　全程圖解

QICHE WEIXIU JINENG QUANCHENG TUJIE

1.1

汽車基本結構原理

1.1.1　汽車基本組成

　　汽車通常由引擎、底盤（包括變速箱）、車身、電器設備四個部分組成。現代轎車總體結構如圖1-1所示。

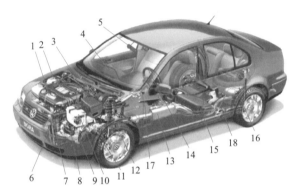

圖1-1　轎車基本組成結構

1—引擎；2—副水箱；3—空氣濾清器總成；4—綜合儀表；5—後視鏡；6—冷凝器；
7—水箱；8—起動馬達；9—變速箱；10—電瓶；11—煞車；12—避震器；
13—消音器；14—方向盤；15—燃油箱總成；16—車輪；17—手煞車；18—油管路

（1）引擎

　　引擎是由本體組件、曲軸連桿機構、汽門機構、燃油供給系統、冷卻系統、潤滑系統、點火系統（汽油引擎採用）、起動系統等部分組成（圖1-2～圖1-4）。引擎的作用是使供入其中的燃料燃燒而發出動力。

圖1-2　引擎

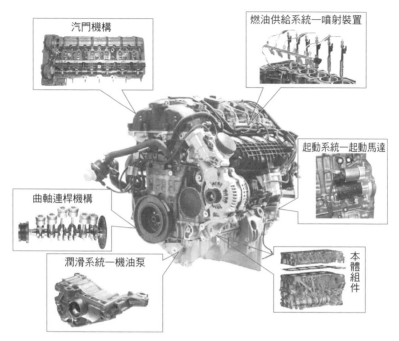

圖1-3　引擎系統

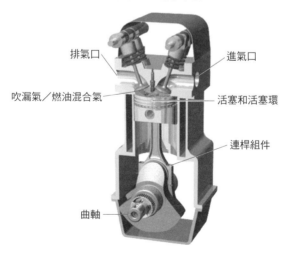

圖1-4　引擎內部結構

圖解

　　引擎是汽車的心臟，它是汽車的動力之源。引擎的核心元件是活塞和汽缸，它們可謂是汽車中的心臟。活塞在汽缸中的運動相當於人體心臟的「跳動」，只不過活塞是以往復式「跳動」。往復式是指活塞在汽缸中運動路線是直線且「往復」的，也就是來回往復運動。活塞在汽缸中往復運動時不斷產生動力，從而推動汽車前進。

　　一個汽缸的活塞在汽缸中完成「進氣」、「壓縮」、「動力」、「排氣」四個工作循環，活塞在汽缸內上下各兩次，曲軸則旋轉2圈。圖1-4所示為引擎內部剖面示意圖。

（2）底盤

　　底盤基本組成見表1-1。

表1-1　底盤基本組成

基本組成	圖示	圖解
懸吊系統		將汽車各總成及元件連成整體並對全車起支承作用，以保證汽車正常行駛。懸吊系統包括車架、前軸、後軸總成的殼體、車輪（轉向車輪和驅動車輪）及懸吊（前懸吊和後懸吊）等元件。
轉向系統	轉向機 轉向拉桿	保證汽車能依駕駛選擇的方向行駛，由帶方向盤的轉向器及轉向傳動裝置，組成方向盤下面的轉向柱末端是個斜齒齒輪，齒輪與一個齒條相嚙合，而齒條則通過轉向拉桿與前輪相連。當轉動方向盤時，轉向齒輪便會帶動轉向齒條左右運動，進而由轉向拉桿推拉前輪進行左右擺動，這樣就可以控制汽車向左轉或向右轉。

續表

基本組成	圖示	圖解
煞車系統	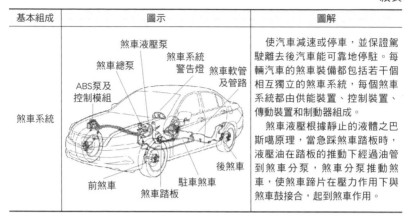	使汽車減速或停車，並保證駕駛離去後汽車能可靠地停駐。每輛汽車的煞車裝備都包括若干個相互獨立的煞車系統，每個煞車系統都由供能裝置、控制裝置、傳動裝置和制動器組成。 　　煞車液壓根據靜止的液體之巴斯噶原理，當急踩煞車踏板時，液壓油在踏板的推動下經過油管到煞車分泵，煞車分泵推動煞車，使煞車蹄片在壓力作用下與煞車鼓接合，起到煞車作用。

（3）電器設備

　　電器設備包括供電和總線系統、引擎電器系統（引擎起動系統和點火系統、引擎、引擎管理系統等，圖1-5）、汽車照明和信號裝置、中央車身電器系統及其他輔助電子控制系統等。

　　現在，車輛使用的電子系統越來越多。其原因在於可靠性高，具有附加工作流程且更快，並能減小組件尺寸。在車輛中安裝電子系統的最終目的在於使車輛更安全、可靠，並更舒適。

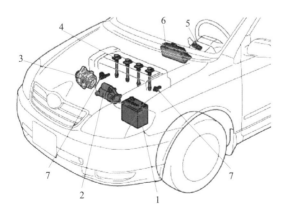

圖1-5　引擎電器系統

1—電瓶；2—起動馬達（起動系統）；3—發電機（充電系統）；
4—點火線圈（點火系統）；5—點火開關；6—綜合儀表；7—感知器

（4）車身

　　車身是駕駛控制的空間，也是裝載乘客和貨物的空間。車身應為駕駛提供方便的操作條件，以及為乘客提供舒適安全的環境。典型的貨車車身包括汽車外殼、駕駛室、車廂等鈑金元件和座椅及其他附件。

　　車身結構有兩種類型：分離式車身和整體式車身，見表 1-2。

表1-2　車身基本結構

結構分類	圖解	圖示
分離式車身	這種類型的車身結構由分開的車身和車架（裝有引擎、變速箱和懸吊）組成。〔圖(a)〕	
整體式車身	這種類型的車身結構由一個整體的車身和車架組成。整個車身成為一個廂體，並保持其強度。〔圖(b)〕	(a)　　　　　(b)

1.1.2　引擎類型（表1-3）

表1-3　引擎類型

類型		特點／圖解	圖示
按使用燃料的不同	汽油引擎	汽油的沸點低、容易汽化，汽油引擎通過汽缸壓縮，將吸入的汽油汽化，並與汽缸內空氣相混合，形成可燃混合氣體，最後由火星塞放電點燃氣體推動汽缸活塞動力。	
	柴油引擎	柴油的特點是自燃溫度低，所以柴油引擎不需要火星塞之類的點火裝置，它利用壓縮空氣以提高空氣溫度，使空氣溫度超過柴油的自燃溫度，這時再噴入柴油，柴油噴霧和空氣混合時會著火燃燒。	

續表

類型		特點／圖解	圖示
按使用燃料的不同	雙燃料引擎	作為新能源汽車之一，CNG雙燃料車是目前最具有實用性的。CNG雙燃料車的環保性能突出，污染物排放量比同類型汽油引擎車要少得多，進而改善空氣品質，達到環保的效果。 　雙燃料車可使用符合規定的93號及以上車用無鉛汽油和車用壓縮天然氣，通常是燃油啟動引擎，當滿足一定的設置條件可轉換到壓縮天然氣狀態運轉。	
按照行程分類	四行程引擎	活塞移動4個行程或曲軸轉2圈汽缸內完成一個工作循環。	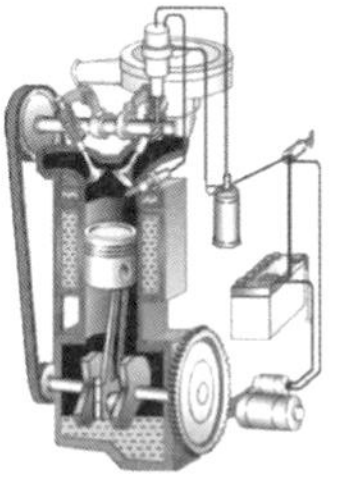
	二行程引擎	活塞移動2個行程或曲軸轉1圈汽缸內完成一個工作循環。	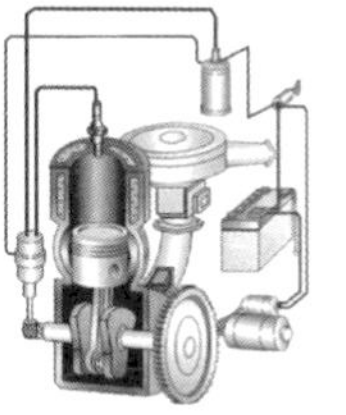
按照冷卻方式分類	水冷式引擎	以水為冷卻介質，有冷卻水箱，冷卻系統靠水循環實現。常見汽車為水冷引擎。	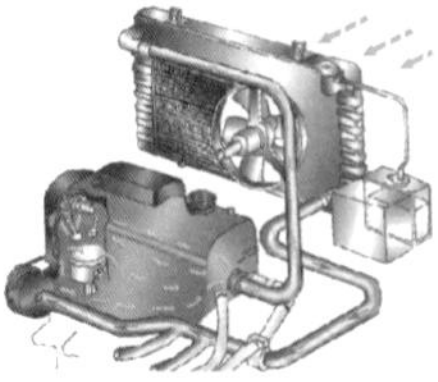
	氣冷式引擎	以空氣作為冷卻介質，常見摩托車為氣冷式引擎。	略

續表

類型			特點／圖解	圖示
	單缸引擎		如除草機上的小引擎一般採用單缸形式	圖略（只有一個汽缸的引擎，汽車上不常見）
按照汽缸數目及汽缸排列方式分類	多缸發動機	直列立式引擎	也稱L型引擎，所有汽缸中心線在同一垂直平面內。現代汽車上主要有L3、L4、L5、L6型引擎。	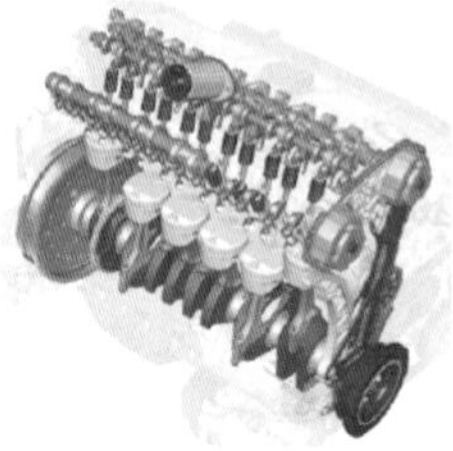
		V型引擎	將所有汽缸分成兩組，把相鄰汽缸以一定的夾角布置在一起，使兩組汽缸形成兩個有一定夾角的平面，從側面看汽缸呈V字形。 例如，把直列6汽缸分成兩排，每排3個汽缸，然後讓這兩排汽缸成V形，這就是V型引擎。V6引擎雖然沒有直6引擎安靜和平順，但它的聲音非常好聽，而且體積可以縮小，結構更加緊湊，可以放在前驅車的引擎蓋下面，因此現在被廣為採用。	
		W型引擎	W型引擎是德國福斯專屬引擎技術。簡單說就是兩個V型引擎相加，形成一個W型引擎。	
		水平對置引擎	對置引擎，也稱H型引擎，其實這也是V型引擎的一種，只不過夾角變成了180°，一般為4缸或6缸，目前世界上只有保時捷和速霸陸兩家汽車製造商生產水平對置式引擎。	

續表

類型	特點/圖解	圖示
往復活塞式引擎	往復活塞式引擎，是活塞在汽缸內做往復運動的引擎。現代汽車引擎如果沒有特別說明，一般都是往復活塞式引擎。	
轉子活塞式引擎	轉子活塞式引擎取消了無用的直線運動，因而同樣功率的轉子引擎尺寸較小，重量較輕，而且震動和噪音較低，具有較大優勢。三角轉子把汽缸分三個獨立空間，三個空間各自先後完成進氣、壓縮、動力和排氣，三角轉子自轉一周，引擎點火動力三次　目前只有日本馬自達應用這項技術。	

按照活塞的工作方式分類

1.1.3 引擎基本工作原理

（1）汽油引擎

汽油引擎通過循環燃燒汽油空氣混合氣產生熱能。燃燒在一個封閉的圓柱形空間內進行。這個稱為燃燒室的空間可通過活塞的移動改變容積，熱能在燃燒室內產生高壓，從而向邊界面（燃燒室壁、燃燒室頂和活塞）施加作用力。該作用力促使活塞運動。

活塞通過連桿將作用力和運動傳遞到曲軸上，在此過程中將活塞的直線運動轉化為轉動，活塞持續進行往復運動。活塞的回復點又稱為上、下死點。因此活塞到達上死點（TDC）時燃燒室容積最小，到達

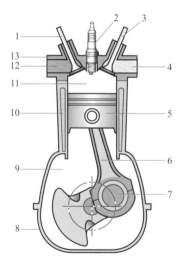

圖1-6　引擎基本結構原理示意圖

1—進汽門；2—火星塞；3—排汽門；
4—排氣通道；5—活塞；6—連桿；7—曲軸；
8—油底殼；9—曲軸箱；10—水套；
11—燃燒室；12—進氣通道；13—汽缸蓋

下死點（BDC）時燃燒室容積最大。

在傳統汽油引擎中，汽油和空氣的混合氣在燃燒室外部混合後進入燃燒室內。而在現代直噴汽油引擎中，直接在燃燒室內形成汽油空氣混合氣。

圖解

汽油引擎和柴油引擎的特點都是進行循環燃燒。燃燒的整個過程包括將新鮮空氣和燃油輸送至燃燒室內，直至燃燒後排出廢氣。

這一不斷重覆的過程分為不同行程。每個行程都完成一項獨立功能。現在的車用引擎通常有四個行程。為了完成進氣和排氣行程在燃燒室頂裝有汽門，這些汽門根據需要打開或關閉。不同汽門的功能不同。進汽門負責吸入新鮮空氣或汽油空氣混合氣。排汽門負責排出廢氣。

每進行一個行程，曲軸旋轉180°，活塞由一個上（下）死點移動到另一個上（下）死點。因此四行程引擎完成一個循環時曲軸旋轉720°，即曲軸轉動2圈。引擎基本結構原理示意圖見圖1-6。

（2）柴油引擎

與汽油引擎的基本原理相比，柴油引擎僅在某些方面有所不同。柴油引擎也在燃燒室內進行循環燃燒並通過一個活塞傳輸由此產生的作用力。

但柴油引擎在燃燒室內形成混合氣，即分別將熱空氣和燃油輸送至燃燒室內。

柴油引擎和汽油引擎的四行程過程基本相同。但柴油引擎吸入的不是燃油空氣混合氣而僅僅是空氣。在壓縮行程結束且活塞即將到達上死點時不會點火，而是通過燃燒室內的高壓噴入柴油。柴油根據燃燒室內的溫度和壓力情況自行著火點燃。

柴油引擎的燃燒過程慢於汽油引擎。在汽油引擎中，燃燒室內的壓力急劇增大，因為活塞向下移動的速度沒有燃燒快。

汽車維修設備

1.2.1 基本維修工具（表1-4）

表1-4 基本維修工具

工具名稱	套筒扳手
圖示	
圖解	套筒扳手，是一種組合型工具，使用時由幾件共同組合而成。常用的套筒扳手有13件套、17件套和24件套等多種規格。套筒扳手適合拆裝部位狹小、特別隱蔽的螺栓或螺帽。其套筒部分與梅花扳手的端頭相似，並製成單件，根據需要選用不同規格的套筒和各種手柄進行組合。如活動手柄可以調整所需力臂　；快速手柄可用於快速拆裝螺栓、螺帽；同時還能配用扭力扳手顯示鎖緊扭力，具有功能多、使用方便、安全可靠的特點。

續表

工具名稱	兩爪拉拔器
圖示	 11 10 9 8 7 6 兩爪拉拔器 1—連接板；2—螺栓 ；3—螺桿；4—橫臂；5—螺帽；6—拉爪；7—墊套 ； 8—頂座；9—定位銷；10—工件；11—插銷 兩爪拉拔器的使用
圖解	兩爪拉拔器主要用於拆卸引擎曲軸正時齒輪、曲軸帶輪、風扇帶輪、凸輪軸正時齒輪及其他位置尺寸合適的齒輪、軸承凸緣等圓盤形零件。 　　使用兩爪拉拔器注意事項：當兩爪拉拔器與被拉工件安裝好後，要檢查拉爪是否卡緊，兩邊受力是否均勻對稱，墊套與軸是否對中，然後扭動螺桿接觸工件後，再復查一次，確認無誤後，才能進行拆卸工作。

1.2.2　基本機械維修用量具（表1-5）

表1-5　基本機械維修用量具

工具名稱	游標卡尺
圖示	 1—外測爪；2—內測爪； 3—彈簧片；4—固定螺絲； 5—尺框；6—本尺； 7—深尺度；8—游標尺
圖解	游標卡尺，是一種能直接測量工件內外直徑、寬度、長度或深度的量具按照其精度可以分為0.02mm或0.05mm等幾種。

續表

使用方法	①使用前，必須將工件被測表面和測爪接觸表面擦乾淨。 ②測量工件外徑時，將測爪向外移動，使兩外測爪間距大於工件外徑，然後再慢慢地移動游標尺，使兩外測爪與工件接觸。切忌硬卡硬拉，以免影響游標卡尺的精度和讀數的準確性。 ③測量工件內徑時，將測爪向內移動，使兩內測爪間距小於工件內徑，然後再緩慢地向外移動游標尺，使兩內測爪與工件接觸。 ④測量時，應使游標卡尺與工件垂直，固定鎖緊螺絲。測外徑時，記下最小尺寸；測內徑時，記下最大尺寸。 ⑤用游標卡尺測量工件深度時，將尺身與工件被測表面平整接觸，然後緩慢地移動游標尺，使深度尺與工件接觸。移動力不宜過大，以免硬壓游標尺而影響精度和讀數的準確性。 ⑥用畢，將游標卡尺擦拭乾淨，並塗一薄層工業凡士林，放入盒內存放，切忌拆卸、重壓。
讀數方法	①讀出游標卡尺刻線所指示尺身上左邊刻線的公釐數。 ②觀察游標卡尺上零刻線右邊第幾條刻線與尺身某一刻線對準，將精密度乘以游標尺上的格數，即為公釐小數值。 ③將尺身上整數和游標尺上的小數值相加得被測工件的尺寸。
工具名稱	外徑分釐卡
圖示	 1—卡架；2—固定端測砧；3—測微主軸（活動端測砧）；4—內襯筒； 5—套筒（粗調）；6—棘輪自停鈕（微調）；7—鎖定旋鈕

續表

圖解	分釐卡是一種用於測量加工精度要求較高的工件尺寸的精密量具，其測量精度可達到0.01mm。 　　按照測量範圍可以分為0～25mm、25～50mm、50～75mm、75～100mm、100～125mm等多種。雖然分釐卡的規格不同，但每一種分釐卡的測量範圍均為25mm。
使用方法	**分釐卡誤差檢查** ①將分釐卡測砧表面擦拭乾淨。 ②旋轉棘輪自停鈕，使兩個測砧先靠攏，直到棘輪發出2～3響「咔咔」聲響，這時檢視指示值。 ③套筒前端應與內襯筒的「0」線對齊。 ④套筒的「0」線應與內襯筒的基線對齊。 ⑤若兩者中有一個「0」線不能對齊，則該分釐卡有誤差，應予校正後才能測量。 **使用方法** ①將工件被測表面擦拭乾淨，並置於分釐卡兩測砧之間，使分釐卡測微主軸軸線與工件中心線垂直或平行，若歪斜著測量，則直接影響測量的準確性。 ②旋轉套筒，使測砧與工件測量表面接近，這時改用旋轉棘輪自停鈕進行微調，直到棘輪發出「咔咔」聲響為止，此時的指示數值就是所測量的工件尺寸。 ③測量完畢，應將分釐卡轉至測量最小值。（0～25mm之分釐卡存放時，應使兩端砧面保持0.5mm距離）。 ④使用完畢，應將分釐卡擦拭乾淨，保持清潔，並塗抹一薄層工業凡士林，然後放入盒內保存。禁止重壓、彎曲分釐卡，且兩測砧不得接觸，以免影響分釐卡精度。
讀數方法	①從內襯筒上露出的刻線讀出工件的釐米（mm）整數和0.5釐米（0.5mm）整數。 ②從套筒上由內襯筒縱向線對準的刻數讀出工件的小數部分（刻度乘上0.01mm），不足一格數可用估算讀法確定。 ③將兩次讀數相加就是工件的測量尺寸。
分釐卡讀數實例	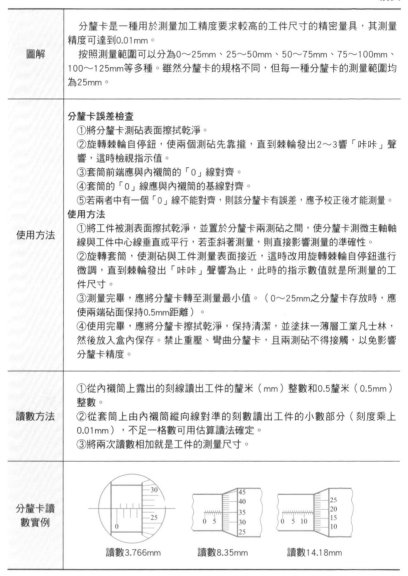 讀數3.766mm　　讀數8.35mm　　讀數14.18mm

續表

工具名稱	千分錶
圖示	1—大指針；2—小指針；3—錶盤；4—測頭
圖解	千分錶是一種比較性測量儀器，主要用於測定工件的偏差值、零件平面度、直線度、偏搖度、汽缸失圓、斜差以及配合間隙等。
使用方法	**計數方法** 千分錶的錶盤刻度分為100格，當測頭每移動0.01mm時，大指針就偏轉1格（表示0.01mm），指針的偏轉量就是被測零件的實際偏差或間隙值。 **使用方法** ①先將千分錶固定在表面（支架）上，將測頭抵住被測工件表面，並使測頭產生一定位移（即指針在一個預偏轉值）。 ②移動被測工件，同時觀察千分錶錶盤上指針的偏轉量，該偏轉量即為被測物體的偏差尺寸或間隙值。 **使用注意事項** ①測桿軸線應與被測工件表面垂直。 ②千分錶用畢，應解除所有的負荷，用乾淨布將表面擦拭乾淨，並在容易生鏽的金屬表面塗抹一薄層工業凡士林，水平地放置盒內，嚴禁重壓。

1.2.3　數位三用電錶

三用電錶有指針式和數位式兩種，指針式三用電錶的電阻檔內阻很小，汽車維修用有很大局限性，用於檢測模擬信號比較合適，通過錶針擺動的狀態可以方便地檢測電路參數。數位三用電錶（表1-6）應用相當廣泛，下文講述的三用電錶指的是數位三用電錶。

三用電錶的功能其實很強大，但最主要作用是檢測電阻、電壓和電流，而且也是我們日常維修中使用頻率最高的幾個功能。也可以檢測二極體順向壓降、電晶體（BJT）放大倍數、溫度與蜂鳴器導通測試，很多汽車維修專用的三用電錶還能檢測點火系統點火正時、引擎轉速等。

表1-6　數位式三用電錶

項目		內容
三用電錶	圖示	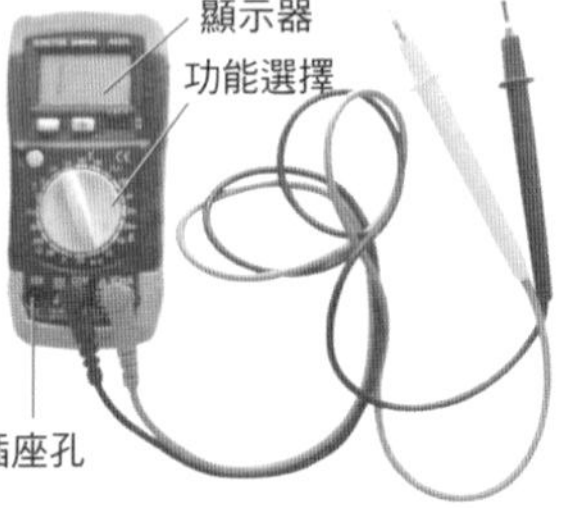 顯示器　功能選擇　測試棒(導線)　測試探插座孔
	圖解	三用電錶可以用來測量電路中的電流、電壓及電阻，以及測試電路的通斷及測試二極體等。
選擇測量範圍	圖示	 直流電壓測量　交流電壓測量　電阻測量　直流電流測量
	圖解	選擇測量範圍，可通過功能選擇開關完成測量。
交流電壓測量	圖示	
	圖解	目的：用於測量家庭或工廠供電線路的電壓、交流電壓電路及電力變壓器端頭的電壓。 測量方法：將功能選擇開關設置到交流電壓檔位，並連接測試探棒。測試探棒的極性是可以互相交換的。

續表

項目		內容
直流 電壓 測量	圖示	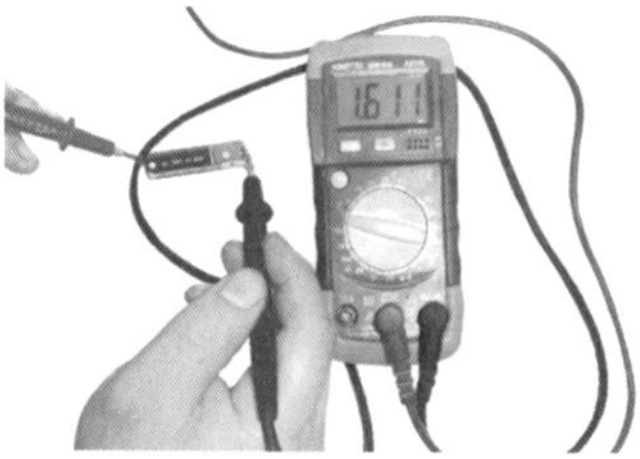
	圖解	目的：測量各種類型的電池、電器設備及電晶體電路的電壓及電壓降。 測量方法：將功能選擇開關設置到直流電壓測量檔位置。將黑色負極測試探棒連接低電位，紅色正極測試探棒放到待測試的部位，並讀數。
電阻 測量	圖示	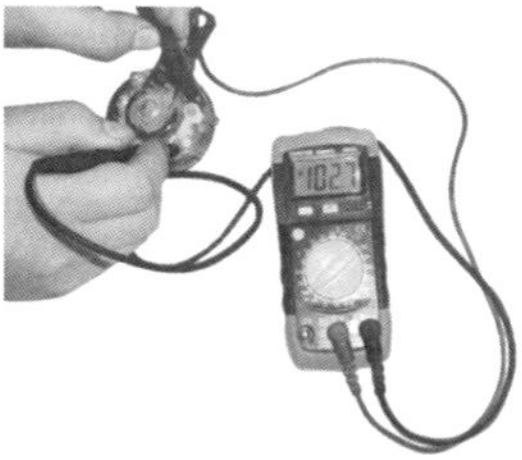
	圖解	目的：測量電阻器電阻，電路的通斷路、短路及開路。 測量方法：設定電阻或連續性的功能選擇開關。然後，將測試探棒放到待測電阻或線圈兩端測量其電阻。此時應保證電阻不帶電。二極體不能在此檔測量，因為所使用的內部電壓太低。
導通 檢查	圖示	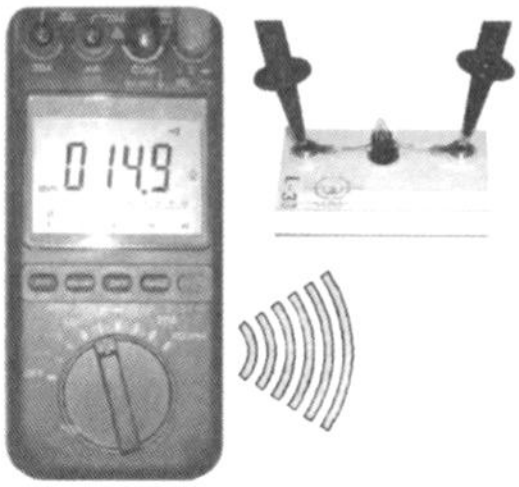
	圖解	目的：檢查電路的導通 測量方法：將功能選擇開關旋到導通測試檔。將測試探棒接到測試電路。如果電路接通，蜂鳴器會響。導通檢查在實際汽車維修中應用頻率很高。

項目		內容
二極體測試	圖示	
	圖示	測試方法： 將功能選擇開關旋到二極體測試方式檔位。檢測兩個方向的導通狀態。若在一個方向二極體是通的，在交換測試探棒之後斷路，則說明二極體良好；若二極體兩個方向都導通，則二極體被擊穿；若兩個方向均不導通，說明它已開路。
直流電流的測量	圖示	 測量範圍和測試探棒插入部位
	圖解	目的：測量使用直流電設備或器件的電流量。 測量方法：將功能選擇開關旋到電流測量檔位。選擇量測範圍（mA or 10A）的正確插孔，插入正極測試探棒。為測量電路中的電流，電流錶應串聯接進電路中。因此，要斷開電路中的某點以接入測試探棒。將正極測試探棒連接高電位一側，負極測試探棒連接低電位一側，並讀數。

①汽車電路的特點是低電壓高電流，所以電路元件電阻一般不會特別高。

②需要檢測電阻時，打開電阻檔，檢測之前要先短路接一下三用電錶的兩個測棒探針，應該會顯示0的阻值，說明該三用電錶具有自動歸零功能。如果顯示是非0的其他數值，要在測量電阻結果數值後減去這個非0數值。這樣做，檢測數值更準確，尤其是低電阻測量。

③測量之前一定要選擇對應合適的範圍。例如，檢測大概500Ω左右的電阻，但選擇的最大範圍為200Ω，那麼這樣三用電錶顯示器就會顯示「1—」或「1·」。如果正確的範圍選擇出現「1—」或「1·」，通常說明是被檢測元件斷路。

④切勿帶電狀態下檢測電阻。

　　a.這樣操作可能會造成被測量元件電路短路而導致元件或零元件損壞，甚至會燒壞三用電錶。

　　b.帶電檢測出的數值是不準確甚至是嚴重錯誤的，這樣的誤判很大程度上擾亂了我們的診斷思維和維修操作，很容易讓這個不準確的數值造成誤判。

⑤三用電錶雖然功能強大，但不適合檢測信號變化速度快的元件工作狀態數據。

⑥檢測含氧感知器信號電壓時，切勿用手接觸測試探棒的金屬探針，以免造成測量數值誤差。其實不僅僅是測量含氧感知器信號這樣的低電壓，測量其他元件或零元件也應該不要有手握測棒探針的習慣。

維修提示

1.2.4 福斯VAS 5051電腦診斷儀器（表1-7）

表1-7 福斯VAS 5051電腦診斷儀器

項目		內容
VAS 5051 主要 組件	圖示	測量線 故障診斷儀（顯示器） 印表機
	圖解	**VAS 5051 故障診斷儀的特點** ①便攜式，用來控制車輛的網絡連接或診斷接口，內建的電池可提供短時間的自身供電。 ②觸控感應操作，彩色顯示螢幕（觸摸屏）。 ③整合了診斷測量技術組件，整合了CD-ROM驅動機，用來讀取帶有語音的維修信息光碟。 ④紅外線接口用來連接印表機。 ⑤VGA 接口（影片圖像接收）用來連接外置顯示器。 ⑥可以通過備用的 ISDN 網絡連接進行遠程診斷。
故障診斷儀前端	圖示	
	圖解	①故障診斷儀前端有一個顯示器，用來顯示信息和與操作者進行聯繫。 ②對故障診斷儀的操作是通過觸碰螢幕實現的。 ③它可感應手指和其他物體的壓力，取代了滑鼠和鍵盤。

續表

項目		內容
左側接口	圖示	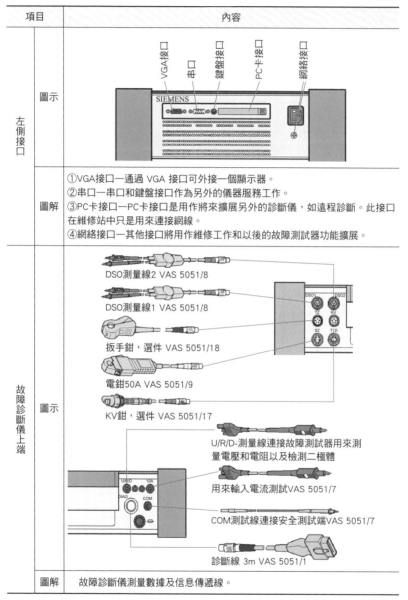
	圖解	①VGA接口—通過 VGA 接口可外接一個顯示器。 ②串口—串口和鍵盤接口作為另外的儀器服務工作。 ③PC卡接口—PC卡接口是用作將來擴展另外的診斷儀，如遠程診斷。此接口在維修站中只是用來連接網線。 ④網絡接口—其他接口將用作維修工作和以後的故障測試器功能擴展。
故障診斷儀上端	圖示	
	圖解	故障診斷儀測量數據及信息傳遞線。

項目		內容
車輛自診斷	圖示	
	圖解	①操作「車輛自我診斷」進入車輛診斷。 ②通過觸碰螢幕，可以選擇任意一個汽車系統。
故障讀取	圖示	
	圖解	例如，自動變速箱電腦和轉向柱控制單元有故障，查詢故障，發現都是顯示同一故障：轉向柱控制單元J527故障代碼。
	圖示	
	圖解	自動變速箱電腦和轉向柱控制單元有故障。

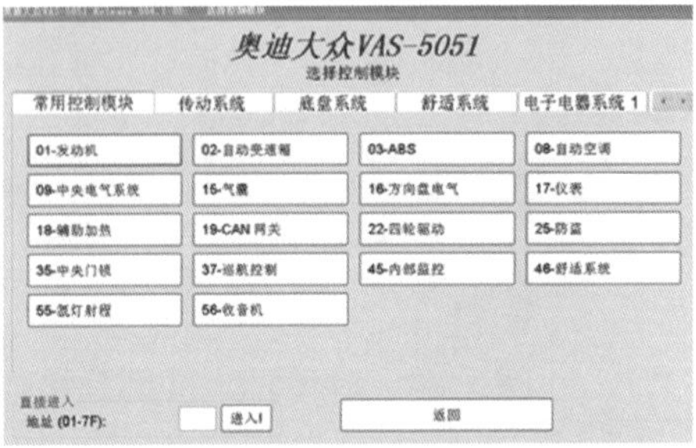

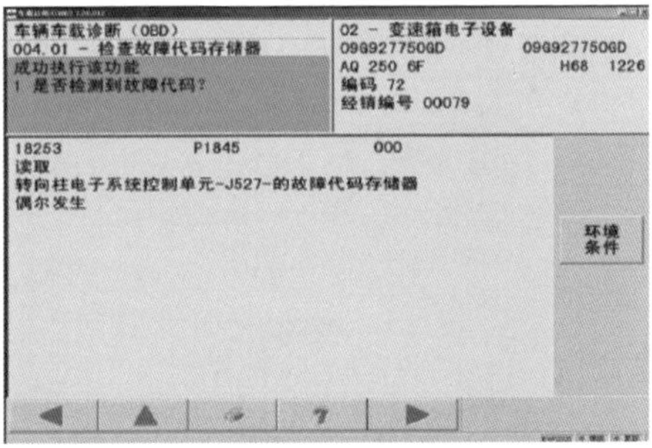

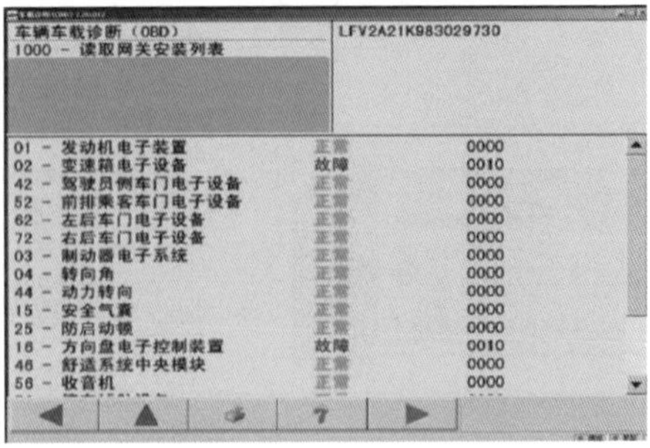

　　汽車維修後市場故障診斷儀（故障診斷儀）有很多品牌，可以視情況去選擇，這些診斷儀都能滿足車輛故障碼分析、數據流檢測、波形分析等一般診斷功能。如果是專修某一款車型，可以使用電腦筆記本加裝一套專用維修診斷軟體（如上述福斯專門診斷軟件）；如果是修「其他車款」可以選擇其他故障診斷儀。

第 **2** 章

引擎系統維修

汽車維修技能 全程圖解
QICHE WEIXIU JINENG QUANCHENG TUJIE

2.1

引擎機械結構系統維修

2.1.1　機械結構原理和基本檢修

（1）引擎基本概念

①止點　止點是指活塞移動的上或下終點，活塞在上、下死點處改變移動方向。止點分為上死點（TDC）和下死點（BDC）。到達上死點處時燃燒室的容積最小，到達下死點處時容積最大。

②排氣量　一個汽缸的排氣量是指活塞在一個行程過程中所經過的空間；或者活塞上死點與下死點位置之間的汽缸空間。在引擎的性能數據中，排氣量通常指的是引擎的總排氣量。總排氣量即所有汽缸的單個排氣量之和。

③壓縮室　指的是活塞到達上死點位置時活塞以上的空間，此時燃燒室的容積最小。

④燃燒室　燃燒室的邊界由汽缸蓋、活塞頂和汽缸壁構成。到達上死點位置時，燃燒室即壓縮室。到達下死點位置時，燃燒室容積為壓縮室容積和排氣量之和。

⑤壓縮比　壓縮比是指排氣量和壓縮室容積之和與壓縮室容積之比。

⑥行程／缸徑比　指的是行程與缸徑之比（圖2-1）。

圖2-1　行程和缸徑示意

圖解

根據引擎類型可分為長行程引擎和短行程引擎。長行程引擎的行程大於汽缸內徑，短行程引擎的行程小於或等於汽缸內徑。汽缸內徑（缸徑）與行程相等的引擎屬於短行程引擎。這種引擎也稱為等徑程引擎。

⑦連桿曲軸比（λ）　指的是連桿長度（連桿兩端的中心點之間距離）與曲軸半徑（主軸承軸頸軸線與曲軸銷軸線之間的距離）之比。

⑧平均活塞速度　即使引擎轉速保持不變，活塞也會不斷加速和減速。到達上死點和下死點時，活塞瞬時處於靜止狀態。處於這兩個位置之間時，活塞速度增至最大值隨後減至最小值。由於活塞速度不斷變化，因此採用平均活塞速度進行計算，該速度是一個恆定的理論速度。平均活塞速度通常是指額定轉速時的速度，並用作引擎負荷的衡量標準。

⑨最大活塞速度　連桿與曲軸半徑形成直角時，活塞速度最大。最大活塞速度大約為平均活塞速度的1.6倍。

⑩規定的引擎轉速　引擎轉速是指曲軸每分鐘的旋轉圈數。每個引擎都有多個不同的重要轉速：起動轉速是引擎起動時所需的最低轉速；達到怠速轉速時，已起動的引擎可自動繼續運行；處於額定轉速時，引擎達到最大功率；最高轉速是避免造成引擎機械損傷的最大允許轉速。

（2）點火間隔

點火間隔是指兩次連續點火之間的曲軸轉角。

在一個工作循環過程中每個汽缸點火一次。在四行程引擎的工作循環（進氣、壓縮、動力、排氣）中曲軸旋轉整整2圈，即曲軸轉角為720°。

相等的點火間隔可在所有轉速情況下確保穩定的引擎運行特性。該點火間隔計算方式為：

$$點火間隔 = 720° / 汽缸數$$

汽缸數越多，點火間隔越小，引擎運行越平穩。至少從理論上來講，品質平衡因素也起到了一定作用，該因素取決於引擎結構形式和點火順序。

（3）引擎機械機構

引擎機械機構分為三大系統：引擎本體、曲軸傳動機構與汽門機構。

這三個系統始終處於相互配合的狀態。

①引擎本體　引擎本體起到與外界隔離密封的作用並吸收引擎運行過程中的各種作用力。

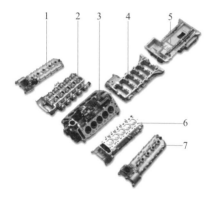

圖2-2　引擎本體

1—汽缸列1的凸輪室蓋；2—汽缸列1的汽缸蓋；3—曲軸箱；4—底板；5—油底殼；
6—汽缸列2的汽缸蓋；7—汽缸列2的凸輪室蓋

 圖解

引擎本體由圖2-2所示的主要組成部分構成。此外，為了確保引擎本體完成其工作任務，還需要密封墊和螺栓。這些工作主要包括：

①吸收引擎運行過程中產生的各種作用力。

②對燃燒室、機油和冷卻水起到密封作用。

③固定曲軸傳動機構、汽門機構以及其他元件。

②曲軸傳動機構　曲軸傳動機構是一個將燃燒室壓力轉化為動能的功能分組。在此過程中，活塞的往復運動轉化為曲軸的轉動。在功效、效率和技術實用性上，曲軸傳動機構是實現上述目的的最佳選擇。

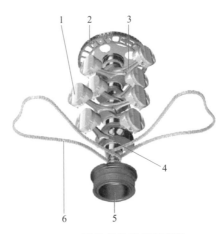

圖2-3　引擎的曲軸傳動機構

1—活塞；2—飛輪；3—連桿；4—曲軸；5—皮帶盤及減震器；6—正時鏈條

 圖解

　　圖2-3展示了曲軸傳動機構的組成部分。圖2-4所示為曲軸傳動機構元件的運動方式，包括：

①活塞在汽缸內上下運動（往復運動）。

②連桿通過連桿小端以可轉動方式連接在活塞銷上，也進行往復運動。連桿大端連接在曲軸銷上並隨之轉動。連桿軸在曲軸圓周平面內擺動。

③曲軸圍繞自身軸線轉動（旋轉）。

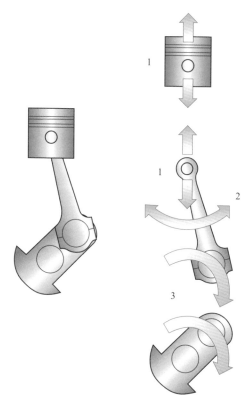

圖2-4 曲軸傳動機構元件的運動方式

1—往復運動；2—擺動；3—旋轉

③汽門機構 週期性地為引擎供應新鮮空氣，並排出所產生的廢氣。四行程引擎吸入新鮮空氣和排出廢氣的過程稱為換氣過程。在換氣過程中，進氣和排氣通道通過進汽門和排汽門週期性地開啟和關閉。進汽門和排汽門使用提升式汽門。汽門運動的時間和順序由凸輪軸決定。

　　負責將凸輪行程傳給汽門的機械機構稱為汽門機構。

　　汽門機構承受較高的加速度和減速度，由此產生的慣性力隨引擎轉速增加而增大並使結構承受很大負荷。此外，排汽門必須能夠抵抗廢氣的高溫。

引擎汽門機構見圖2-5、圖2-6。引擎的汽門機構組件見圖2-7、圖2-8。

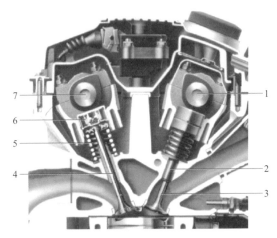

圖2-5　引擎汽門機構（一）

1—進氣凸輪軸；2—汽門導管；3—進汽門；4—排汽門；5—汽門彈簧；
6—HVA（液壓式汽門間隙補償器）舉桿；7—排氣凸輪軸

圖2-6　引擎汽門機構（二）

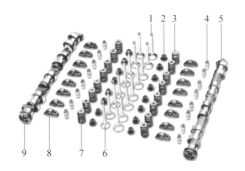

圖2-7　引擎汽門機構組件（一）

1—進汽門；2—底部汽門彈簧座（帶有汽門桿密封件）；3—上部汽門彈簧座；4—HVA舉桿；
5—進氣凸輪軸；6—排汽門；7—汽門彈簧；8—滾子式汽門搖臂；9—排氣凸輪軸

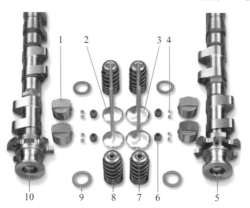

圖2-8　引擎汽門機構組件（二）

1—舉桿；2—排汽門；3—進汽門；4—汽門鎖扣；5—進氣凸輪軸；6—汽門桿密封件；
7—上部汽門彈簧座；8—汽門彈簧；9—汽門彈簧座；10—排氣凸輪軸

（4）曲軸箱

　　曲軸箱或缸體（圖2-9），包括汽缸、冷卻水套和曲軸傳動機構殼體。現在許多新系統或改進系統都具有連接曲軸箱的接口。

①曲軸箱主要有以下任務：吸收作用力和扭矩；固定曲軸傳動機構；固定和連接汽缸；支承曲軸；固定冷卻水和潤滑油輸送通道；組成一個曲軸箱通風系統；固定各種附屬總成；使曲軸空間與外界隔離密封。

圖2-9　曲軸箱仰視圖

圖2-10　曲軸箱（曲軸箱內的通風孔）

圖解

　　曲軸箱帶有較大的縱向通風孔。這些縱向通風孔可使活塞上下運動過程中產生的往復式空氣柱保持壓力平衡。此外還需要針對機油與冷卻水供給設計通道。曲軸箱（曲軸箱內的通風孔）見圖2-10。

②曲軸箱通風　引擎運轉時，氣體（吹漏氣體）由汽缸進入曲軸箱空間內；吹漏氣體中包含未燃燒的燃油和所有廢氣成分，它們在曲軸空間內與油霧形式的引擎油混合；吹漏氣體量取決於引擎負荷，曲軸箱空間內通過活塞運動產生的壓力也取決於轉速，這個壓力出現在所有與曲軸空間相連的封閉或半封閉空間（例如機油回流管路、正時鏈箱等）且會將機油擠向密封位置處的出油口。

為了避免發生這種情況，在此引入了曲軸箱通風裝置。開始時只是簡單地將吹漏氣體與機油的混合氣釋放到大氣中。很久以後才出於環保的考慮採用了封閉式曲軸箱通風裝置。

曲軸箱通風裝置將不含機油的絕大部分吹漏氣體送入進氣系統內並確保曲軸箱內不會產生壓力。

a.非調節積極式曲軸箱通風。採用非調節積極式曲軸箱通風方式時，真空將機油與吹漏氣體的混合氣吸入引擎的最高處。該真空由一個至進氣歧管通道的連接裝置產生。混合氣從此處進入機油分離器，隨後使吹漏氣體與引擎機油分離。

 圖解

在採用非調節積極式曲軸箱通風的引擎上僅通過一個金屬絲網實現上述目的。「淨化」後的吹漏氣體送入引擎進氣系統，而引擎機油回流到油底殼內。

曲軸箱內的真空因進氣管連接通道內校准孔的限制，造成曲軸箱內壓力過低時，會使引擎密封件（曲軸密封環、油底殼凸緣密封墊等）失效，未過濾的空氣因此進入引擎內，從而加速機油老化和機油沉積。但是可以通過校准孔限制這種限壓作用，可以透過金屬絲網控制機油分離效率。

曲軸密封環無法繼續正常工作時還會產生這些後果，如果在引擎轉速較高的情況下車輛處於滑行模式，就會因節氣門關閉而在進氣系統內產生非常高的真空度。如果密封環損壞，環境中的新鮮空氣就會進入曲

軸箱內，並可能會吸入大量吹漏氣體。金屬網將無法分離如此大量的機油，因此下次加速時會使一定量的機油隨之燃燒，廢氣中會產生明顯的藍色煙霧。

非調節積極式曲軸箱通風裝置見圖2-11。

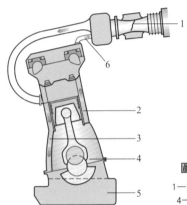

圖2-11　非調節積極式曲軸箱通風裝置

1—節氣門；2—排吹漏氣通道；3—機油回流通道；
4—曲軸空間；5—油底殼；6—連接進氣管的通道

　　b.真空調節積極式曲軸箱通風。採用真空調節積極式曲軸箱通風裝置時，曲軸空間通過排吹漏氣通道、集氣室、機油分離器、膜片式PCV閥與節氣門後的進氣管相連。

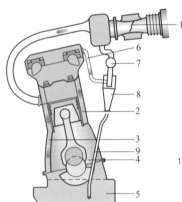

圖2-12　真空調節積極式曲軸箱通風裝置

1—節氣門；2—排吹漏氣通道；3—機油回流通道；
4—曲軸空間；5—油底殼；
6—連接機油分離器的通道；7—膜片式PCV閥；
8—氣旋分離器；9—機油回流管

圖解

　　由於節氣門和空氣濾清器產生氣流阻力，因此進氣歧管內會產生相對真空。

　　由於進氣歧管與曲軸箱之間存在壓力差，因此吹漏氣體吸入汽缸蓋內，並在此首先到達集氣室處。集氣室用於確保從凸輪軸等處噴出的機油不會進入曲軸箱通風裝置內。如果通過迷宮式密封裝置進行機油分離，則集氣室還負責消除吹漏氣體的壓力脈動，這樣可以避免使膜片式PCV閥內的膜片處於工作狀態。

　　在帶有氣旋分離器的引擎上非常需要這種壓力脈動，因為可以由此改善機油分離效率。隨後氣體在氣旋分離器內達到平衡。因此，該型式的集氣室結構與透過迷宮式密封裝置進行機油分離的集氣室不同。

　　吹漏氣體通過輸送管路到達機油分離器，並在此處分離出引擎機油。分離出的機油回流到油底殼內。

　　淨化後的吹漏氣體通過膜片式PCV閥進入進氣系統的潔淨空氣管內。

　　真空調節積極式曲軸箱通風裝置見圖2-12。

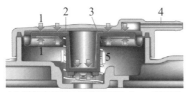

(a) 引擎處於靜止狀態時膜片式PCV閥開啟

膜片式PCV閥的任務是確保曲軸箱內的真空度盡可能保持不變。

(b) 處於怠速運轉或滑行模式時膜片式PCV閥關閉

圖2-13　膜片式PCV閥的調節過程

1—大氣壓力；2—膜片；3—壓力彈簧；
4—殼體；5—壓力彈簧的彈簧力；
6—進氣系統的真空；
7—曲軸箱內的有效真空；
8—來自曲軸箱的吹漏氣體

(c) 引擎承受負荷時膜片式PCV閥處於調節模式

圖解

①圖2-13為三種不同工作方式的膜片式PCV閥。

處於調節模式時，壓力彈簧3的彈力與承受曲軸箱真空膜片2保持平衡。

膜片背面通過殼體4上的一個開孔與大氣壓力相通。曲軸箱壓力增加時，PCV閥開啟截面面積就會變大。進氣系統內的真空將吹漏氣體吸出曲軸箱，曲軸箱內的壓力會下降。隨著壓力的下降，膜片向「關閉」方向移動。

②調節過程如下

引擎處於靜止狀態時，PCV閥開啟〔圖2-13(a)〕。大氣壓力施加在膜片兩側，即膜片在彈簧力的作用下處於完全打開的位置。

啟動引擎時，進氣管內的真空增加，PCV閥關閉〔圖2-13(b)〕。處於怠速運轉或滑行模式時通常會出現這種情況，因為此時不存在吹漏氣體。也就是說膜片內側也會承受較大的相對真空（與大氣壓力相比）。因此，施加在膜片外側的大氣壓力克服彈簧力使閥門關閉。

在引擎加速或全負荷的作用下產生吹漏氣體。來自曲軸箱的吹漏氣體8使施加在膜片上的相對真空減小。因此壓力彈簧可使閥門開啟，從而吸入吹漏氣體。閥門會一直開啟，直至大氣壓力與曲軸箱真空和彈簧力的合力達到平衡狀態〔圖2-13(c)〕。

產生的吹漏氣體越多，膜片內側承受的相對真空就越小，膜片式PCV閥開啟程度就越大。這樣可使曲軸箱內保持規定的真空（通常為負壓30mbar～100mbar；真空錶1～5cm-Hg；絕對壓力約0.95kg/cm²）

（5）密封墊片

在金屬元件之間放置一個絕緣密封墊可防止接觸腐蝕。這種情況包括油底殼密封墊片和汽缸床墊片，這些密封墊片用於將鋁合金油底殼和汽缸蓋與汽缸體分隔開。

圖解

　　引擎的汽缸床墊片有一個密封唇。該密封唇用於防止灰塵和漏水進入密封接縫，從而防止接觸到金屬元件（圖2-14）。如果密封墊已損壞，那麼汽缸蓋（如果是鋁合金）和曲軸箱（如果是鎂合金）之間很快就會出現接觸腐蝕。密封唇損壞嚴重時甚至會影響到密封墊核心的鋼制部分（圖2-15）。

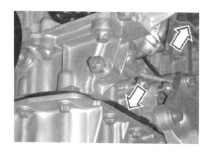

圖2-14　帶有密封墊凸出物的油底殼密封墊片

圖2-15　汽缸床墊片的密封唇

維修提示　進行引擎的螺栓連接時需要特別注意。取下螺栓連接件後必須立即吹乾螺紋孔，以免因冷卻水造成腐蝕。

 圖解

　　重新安裝螺栓前也要完全吹乾螺紋孔，避免以後在曲軸箱材料和螺栓之間形成接觸腐蝕（圖2-16）。

圖2-16　吹乾螺紋孔

（6）汽缸蓋

①汽缸蓋功能　汽缸蓋對引擎運行特性（如輸出功率、扭力和廢氣排放特性、耗油量和噪音等特性）有決定性影響。引擎正時控制幾乎都在汽缸蓋內進行。

汽缸蓋需要完成以下任務：

　　a. 吸收作用力；

　　b. 安裝汽門機構；

　　c. 內有進、排氣通道；

　　d. 安裝火星塞；

　　e. 安裝冷卻水和機油輸送通道；

　　f. 構成汽缸上限；

　　g. 向冷卻水散熱；

　　h. 可固定附屬總成和感知器。

②結構　隨著引擎的不斷開發，汽缸蓋的設計結構變化很大。汽缸蓋的形狀在很大程度上由其相關的元件決定。

汽缸蓋的形狀主要受到以下因素影響：

　　a. 汽門的數量和位置；

　　b. 凸輪軸的位置和數量；

　　c. 火星塞的位置和數量；

　　d. 進、排氣通道的形狀。

汽門機構方案對汽缸蓋形狀的影響最大。為了提高引擎功率、減小污染物排放量和耗油量，換氣必須盡可能有效且靈活，容積效率必須較高。

為了在這些方面進行優化，過去主要進行改進頂上汽門、頂上凸輪軸、4汽門技術等來實現。

進氣和排氣通道流量較大時也可以提高換氣效率。對汽缸蓋提出的另一個要求是要具有盡可能緊湊的結構。如果再考慮到用於汽門間隙補償或盡量減小摩擦的元件、燃燒室形狀以及火星塞位置，所以汽缸蓋結構是比較複雜的。

在缸內直接噴射式引擎上和一些進氣歧管噴射式引擎上汽缸蓋中還裝有噴嘴，噴油嘴的位置也會影響到燃燒是否充分。

在4汽門汽缸蓋上可以將火星塞布置在燃燒室頂中心，這有助於縮短燃燒室內的火焰行程。但是，隨著汽門數量的增加，汽缸蓋結構也變得很複雜。批量生產的產品中還有每個汽缸配有3個或5個汽門的汽缸蓋。跑車中甚至有6汽門汽缸蓋。

③燃燒室頂　汽缸蓋作為汽缸的頂部構成了燃燒室頂。它與活塞幾何因素一起決定了燃燒室的形狀。燃燒室是由活塞、汽缸蓋和汽缸壁圍成的空間。

圖解

圖2-17(a)中整個燃燒室都位於活塞內，圖2-17(b)所示的燃燒室分布在活塞和汽缸蓋內，圖2-17(c)所示的布置方式非常有利，因為其油氣混合氣可以非常有效地環繞火星塞流動。

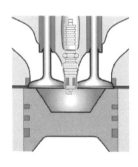
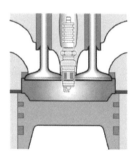
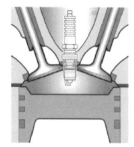

(a) 完全位於活塞內的燃燒室　　(b) 位於活塞和汽缸蓋內的　　(c) 汽門呈傾斜狀的燃燒室
　　　　　　　　　　　　　　　　　燃燒室

圖2-17　4汽門汽缸蓋的不同燃燒室類型

　相對於燃燒室體積而言燃燒室表面較小，因此熱力學損耗較少。汽門傾斜角度最大可達25°。

（7）曲軸

曲軸由一個單一元件構成，但可以分為多個不同的部分。主軸承軸頸位於曲軸箱內的軸承座內。

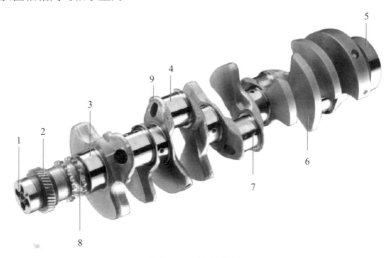

圖2-18　引擎曲軸

1—扭轉減震器的固定裝置；2—用於驅動機油泵的齒輪；
3—主軸承軸頸（曲軸銷）；4—曲軸銷；
5—輸出端；6—平衡配重；7—油孔；
8—正時鏈輪；9—曲軸臂

 圖解

　　如圖2-18所示，曲軸銷或曲軸頸與曲軸透過曲軸臂連接起來。曲軸頸和曲軸臂的這部分也稱為曲柄。

曲軸銷與曲軸軸線之間的距離決定了引擎的行程。曲軸銷之間的夾角決定各汽缸的點火間隔。曲軸轉動整整2圈或720°後，各汽缸均點火一次。

該角度稱為曲軸銷相隔角度或曲柄角度，根據汽缸數、結構形式（V型或直列引擎）和點火順序計算得出。其目的是獲得盡可能平穩、均勻的引擎運行狀態。

曲軸內有幾個油孔，這些油孔為連桿軸承提供機油。油孔從主軸承軸頸通向曲軸銷，並通過主軸承座與引擎機油迴路連接在一起。

平衡配重用於平衡圍繞曲軸軸線的慣性力，從而使引擎平穩運行。

（8）連桿

在曲軸傳動機構中，連桿負責連接活塞和曲軸。活塞的直線運動通過連桿轉化為曲軸的轉動。此外，連桿還要將燃燒壓力產生的作用力由活塞傳至曲軸上。

作為一個加速度變化很大的元件，連桿的重量直接影響引擎的工作效率和運行平穩性。

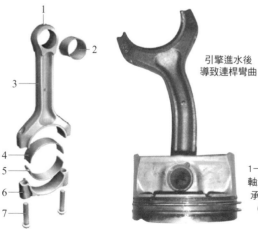

引擎進水後
導致連桿彎曲

圖2-19　連桿

1—油孔；2—襯套（連桿小端滑動
軸承）；3—連桿；4—連桿內的軸
承片；5—連桿軸承蓋的軸承片；
6—連桿軸承蓋；7—連桿螺栓

圖解

　　如圖2-19所示，梯形連桿的連桿小端橫截面為梯形。就是說，在連桿小端處由連桿小端底部向連桿頂端逐漸變細。

　　這樣一方面可以進一步減輕重量，因為節省了未承受負荷一側的材料，而承受負荷一側則為整個襯套最大寬度。此外還能縮小活塞銷孔間距，這意味著活塞銷彎曲度較低。

　　另一個優點是可以取消連桿小端內的油孔，因為機油通過活塞銷襯套軸承的傾斜滲入。由於省去了油孔，因此也避免了對該側軸承強度造成的不利影響。這又可使該側連桿結構更窄小。這樣不僅可以減輕重量，還能節省活塞空間。

（9）活塞

　　活塞將燃燒產生的氣壓轉化為運動。活塞頂的形狀對混合氣的形成有決定性影響。活塞環負責燃燒室嚴密密封和控制汽缸壁上的油膜。

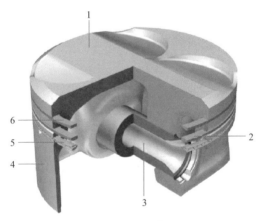

圖2-20　活塞

1—活塞頂；2，6—壓縮環；3—活塞銷；4—活塞裙；5—油環

圖解

如圖2-20所示，活塞的主要部分包括活塞頂、帶有活塞環岸（火力岸）的活塞環部分、活塞銷座和活塞裙。活塞環、活塞銷和活塞銷卡環也是活塞總成的一部分。活塞頂構成了燃燒室的下部。在汽油引擎上可以採用平頂、凸頂或凹頂活塞。

維修提示

活塞裙是現代活塞變化最明顯的部分。活塞裙負責使活塞在汽缸內直線運行。只有與汽缸之間的間隙足夠大時，才能完成上述任務。但是這個間隙會因連桿偏移而引起活塞擺動，這種情況稱為活塞二次移動。這種二次移動會影響活塞環的密封性和耗油量，而且還會導致活塞發出噪音。許多參數都有利於活塞保持直線運行，例如活塞裙的長度、活塞裙形狀和裝配間隙。

（10）活塞環

活塞環通常有三個用於固定活塞環的環槽，活塞環的作用是防止漏氣和漏油（密封）。活塞環岸位於環槽之間。位於第一個活塞環上方的環岸稱為火力岸。一套活塞環通常包括兩個壓縮環和一個油環。

活塞環是金屬密封環，負責執行以下任務：密封燃燒室，使之與曲軸箱隔開；從活塞向汽缸壁導熱；調節汽缸套的油膜。

為了完成上述任務，活塞環必須緊靠在汽缸壁和活塞環槽的上方或下方。活塞環的徑向彈簧力使活塞環靠在汽缸壁上。油環通常由一個附加張力環進一步支承。

活塞環在其環槽內轉動。這是因為活塞換向時側向力作用在活塞環上。此時活塞環的轉速約5～10r/min，轉速大概最高可達到100r/min。這種換側作用可以清除環槽上的沉積物，此外還能防止活塞環開口磨入汽缸套內。

①壓縮環　壓縮環用於確保盡可能沒有燃燒氣體從燃燒室經過汽缸壁與活塞之間的間隙進入曲軸箱內。只有這樣，燃燒過程中燃燒室內才能產生足夠壓力，以使引擎達到設計功率。在壓縮行程階段，沒有壓縮環也無法達到點火所需的壓縮程度。

②油環　油環負責調節汽缸壁上的油膜。它們將汽缸壁上多餘的潤滑油刮掉並確保這些機油不會燃燒。因此，油環也決定了引擎的機油消耗量。

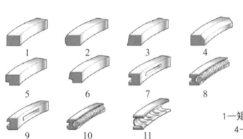

圖2-21　活塞環

1—矩形環；2—桶面環；3—錐面環；
4—內倒角矩形環；5—鼻形環；
6—鼻形錐面環；7—開槽油環；
8—帶有管狀彈簧的開槽油環；
9—雙倒角環；
10—帶有管狀彈簧的雙倒角環；
11—VF系統（三片組合式油環）

 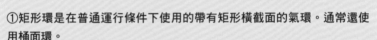

圖解

①矩形環是在普通運行條件下使用的帶有矩形橫截面的氣環。通常還使用桶面環。

②錐面環的運行表面呈錐形，錐面向上逐漸縮小。這樣可以縮短啟動時間。錐面環是壓縮環，但也具有刮油環的作用。

③由於內倒角矩形環的橫截面不對稱，因此安裝時會使其呈碟形。因此與汽缸壁的運行表面呈錐形。這種壓縮環與錐面環一樣，也具有輔助刮油的作用。

④鼻形環和鼻形錐面環既是壓縮環又是刮油環。這些活塞環的底部都有一個小槽口。鼻形錐面環的運行表面呈錐形。

⑤開槽油環通過兩個運行表面上較高的表面壓力實現其刮油作用。環壁

上的開槽有助於刮下的潤滑油回流。在帶有管狀彈簧的開槽油環上，通過一個圓柱形螺旋彈簧（管狀彈簧）提高表面壓力和接觸面積。位於鑄鐵或鋼制活塞環圓形或V形固定槽內的彈簧使整個環壁均勻受力，因此這種活塞環結構靈活性較大。

⑥雙倒角環與開槽油環相似。兩個運行表面的倒角可以進一步提高表面壓力，從而達到更好的刮油效果。雙倒角環也可以採用帶有管狀彈簧的結構。

⑦VF系統是一個三片組合式油環。它由兩個鋼片邊環和一個鋼制彈簧襯環構成。這種結構特別適用於較薄的活塞環。兩個邊環彼此獨立徑向移動有助於提高刮油效果。

　各種活塞環見圖2-21。

（11）雙質量飛輪

在帶有手排變速箱的車輛上，引擎燃燒過程的週期性會使傳動系統內產生扭轉震動。這將使變速箱和車身發出異響。為避免影響舒適性，很多車採用了雙質量飛輪。

圖解

　雙質量飛輪將傳統飛輪的質量塊一分為二。一部分繼續用於補償引擎慣量；另一部分負責提高變速箱慣量，從而使共振範圍明顯低於正常運轉。

　非剛性連接的兩個質量塊透過一個彈簧（減震系統）連接起來。次級飛輪質量塊與變速箱之間不帶減震彈簧的離合器片負責分離和接合。

　與引擎相連的主飛輪質量塊承受引擎的不平穩運動時，在引擎轉速不變的情況下，與變速箱相連的次級飛輪質量塊速度保持不變。雙質量飛輪的功能見圖2-22。

圖2-22 雙質量飛輪的功能

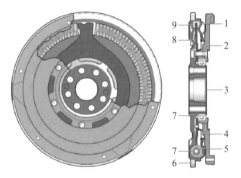

圖2-23 雙質量飛輪的構造

1—蓋罩；2—次級飛輪；3—蓋板；4—密封膜片；5—弧形減震彈簧；6—齒環；
7—主飛輪；8—輪轂凸緣；9—檔板

 圖解

　　由於以非剛性連接兩個質量塊，因此可在引擎正常轉速範圍內消除變速箱噪音。因共振轉速下降到怠速以下，且質量塊惰性力距越大，共振的震動程度也越大。所以採用雙質量飛輪時，啟動和關閉引擎時震動尤其明顯。使用附加減震單元可有效防止啟動和關閉引擎時的震動。

　　但在正常運行狀態下（引擎運轉時）該減震單元不起作用，此時通過飛輪內減振彈簧消除引擎的扭轉震動。

　　雙質量飛輪的構造見圖2-23。

（12）凸輪軸

凸輪軸控制換氣過程和燃燒過程。其主要任務是開啟和關閉進汽門和排汽門。凸輪軸由曲軸驅動，其轉速與曲軸轉速之比為1：2，即凸輪軸轉速只有曲軸轉速的1/2，這可以通過鏈輪實現減速比。凸輪軸相對於曲軸的位置也有明確規定。但最新的引擎已不再採用固定傳動比方式，而是可以進行可變調節，如BMW引擎VANOS系統。

圖解

凸輪軸感知器也可能安裝在凸輪軸上。維修時需要用於安裝專用定位工具的雙平面軸頸3和用於裝配時頂住凸輪軸的扳手寬度面4。引擎凸輪軸見圖2-24。

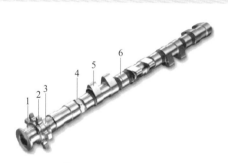

圖2-24　引擎凸輪軸

1—軸頸和用於軸向導向的止推面；2—凸輪軸感知器的感應齒；
3—用於安裝專用定位工具的雙平面軸頸；4—用於裝配時頂住凸輪軸的扳手寬度面；
5—凸輪；6—軸頸

（13）搖臂、壓桿和挺桿

搖臂、壓桿或挺桿負責將凸輪運動傳給汽門，因此這些元件也稱為傳動元件。傳動元件沿凸輪輪廓移動，直接或間接（以一定傳動比）傳遞運動。

①搖臂　搖臂是一種間接驅動的汽門機構。搖臂支承在軸的中部。凸輪軸位於搖臂下方的一端。

②壓桿　壓桿也是採用間接傳動方式的汽門機構元件。

圖解

壓桿的慣性矩和剛度在很大程度上取決於壓桿的結構形式。滾子式汽門壓桿見圖2-25。

使用滾子式汽門壓桿時，凸輪運動通過一個滾動軸承滾子而非滑動面傳遞。與滑動面壓桿或桶狀挺桿汽門機構相比，這種結構可減小摩擦，尤其是在對降低耗油量有較大影響的低轉速範圍內。但是，減小摩擦會明顯降低針對凸輪軸扭轉震動的減震作用，這對鏈條傳動機構有影響。

(a) 滾子式汽門壓桿上側　　　(b) 滾子式汽門壓桿下側

圖2-25　滾子式汽門壓桿

1—用於隨凸輪移動的滾針軸承滾子；
2—用於支承HVA液壓式汽門間隙補償器；3—壓在汽門上的接觸面

③頂筒（挺桿）　頂筒是進汽門和排汽門的直接傳動裝置，它不改變凸輪的運動或傳動比。這種直接傳動裝置始終具有很高的剛度，移動品質相對較小且所需安裝空間較小。挺桿用於傳遞直線運動，其安裝位置位於汽缸蓋內。

a.桶狀頂筒。桶狀頂筒採用桶狀結構，以倒置方式靠在汽門腳。

為確保凸輪接觸面均勻磨損，桶狀頂筒應能旋轉。為此可使凸輪相對於桶狀頂筒稍稍偏移（朝凸輪軸軸線方向），桶狀頂筒的接觸面略呈球形，

這樣可使凸輪與頂筒之間的接觸點在整個運動過程中更接近桶狀頂筒表面的中心。因為此時槓桿作用較小,所以可減小桶狀頂筒的傾斜趨勢,從而可將汽門接觸面的磨損程度降至最低。但是,球面弧度也會影響汽門行程曲線以及凸輪與桶狀頂筒之間的摩擦力。

b.凸緣頂筒。凸緣頂筒可以達到相當高的球面弧度,因此減少了凸輪和頂筒接觸點的移動距離。

 圖解

與桶狀頂筒不同,凸緣頂筒不能旋轉。有一個導向凸緣用於防止頂筒旋轉。引擎的凸緣頂筒見圖2-26。

圖2-26 引擎的凸緣頂筒
1—球形接觸面;2—凸緣頂筒;3—導向凸緣

(14) 機械式汽門腳間隙調節

採用機械式汽門腳間隙調節裝置時,只有在汽門關閉狀態下汽門桿與汽門驅動裝置之間存在間隙時,才能確保所需的汽門密封效果。由於汽門腳間隙隨引擎溫度變化而變化,因此必須將該間隙調節到足夠大的程度。

汽門間隙過大會產生令人不舒適的噪音以及造成磨損加劇的衝擊負荷。

維修
提示

　　汽門腳間隙影響汽門正時時間，從而影響引擎功率、行駛性能、耗油量和廢氣排放量。

　　汽門腳間隙過大會縮短汽門開啟時間，即汽門延遲開啟、提前關閉。

　　汽門腳間隙過小會延長汽門開啟時間，即汽門提前開啟、延遲關閉。

（15）帶有導向件和彈簧的汽門

①帶有導向件和彈簧的汽門　見表2-1。

表2-1　帶有導向件和彈簧的汽門

說明	圖解
汽門與汽門導管和汽門彈簧共同構成一個總成。 　進汽門和排汽門承受的負荷不同。兩個元件運動時因自身慣性力產生的負荷相同（在引擎的使用壽命內大約3億次負荷變化）。但是排汽門還要承受廢氣帶來的高溫熱負荷，而進汽門則會通過流經的新鮮空氣冷卻下來。熱量還會從汽門經過汽門座以熱傳導形式擴散。	1—汽門鎖扣；2—汽門桿油封；3—下汽門彈簧座； 4—換氣通道；5—汽門座；6—汽缸蓋；7—汽門導管； 8—汽門彈簧；9—上汽門彈簧座

②汽門座　汽門座承擔隔開燃燒室與氣道的作用。此外，熱量也通過此處從汽門傳至汽缸蓋。汽門處於關閉狀態時，汽門座表面與汽缸蓋汽門座靠在一起。汽門座表面的寬度沒有統一標準，汽門座表面較窄時可改善密封效果，但會削弱散熱能力。

　　通常情況下，承受較小負荷的進汽門座比承受高負荷的排汽門座窄。汽門座寬度為1.2～2.0mm。確保汽門座位置正確非常重要。

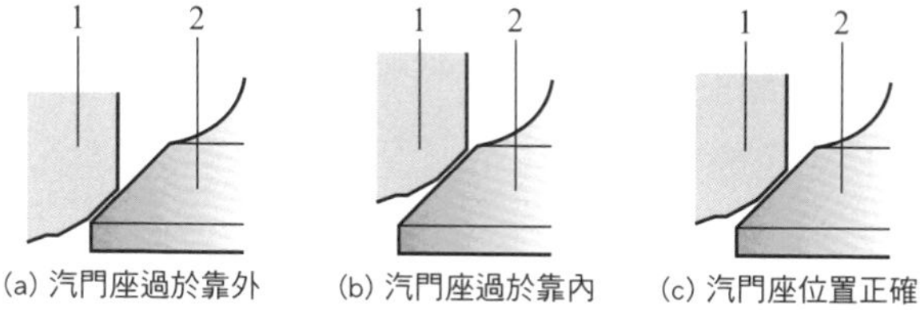

(a) 汽門座過於靠外　　　(b) 汽門座過於靠內　　(c) 汽門座位置正確

圖2-27　汽門座的位置

1—汽門座；2—汽門座表面

 圖解

　　汽門座位於汽門頭外緣時，汽門承受的機械負荷過高。汽門座過於靠內時，外緣散熱效果不佳，而且開啟截面面積減小。

　　汽門座角度是指汽門座與一個垂直於汽門桿的（理論）平面之間的夾角。密封效果和磨損情況也取決於汽門座角度（干涉角）。對於進汽門來說，汽門座角度還會影響新鮮空氣進氣量，從而影響混合氣形成的過程。

　　汽門座的位置見圖2-27。

③汽門導管　汽門導管用於確保使汽門位於汽門座的中心並通過汽門桿將汽門頭處的熱量傳至汽缸蓋。為此需要在導管孔與汽門桿之間留有最佳間隙量。間隙過小時，汽門容易卡住。間隙過大時會影響散熱效果。最好留出盡可能小的導管間隙。

　　為確保汽門正常工作，汽門導管與汽門座圈之間的中心偏移量必須保持在公差範圍內。中心偏移過大會使汽門頭彎向汽門桿，這可能會造成構件過早損壞，還可能會導致洩漏、影響熱傳遞效果和增加耗油量。

　　汽門導管以油壓裝配方式安裝在汽缸蓋內。汽門導管不得伸入排氣通道內，否則會因溫度較高而導致導管變寬，燃燒殘餘物可能會進入汽門導管內。

④汽門鎖扣　汽門鎖扣負責連接上汽門彈簧座和汽門。連接方式分為夾緊式和非夾緊式。

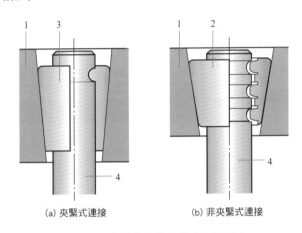

(a) 夾緊式連接　　　　　(b) 非夾緊式連接

圖2-28　夾緊式和非夾緊式汽門鎖扣

1—汽門彈簧座；2—非夾緊式汽門鎖扣；
3—夾緊式汽門鎖扣；4—汽門桿

 圖解

　　採用夾緊式連接〔圖2-28(a)〕時，安裝後兩部分汽門鎖扣之間留有一定的間隙，因此汽門夾緊在汽門鎖扣之間，以防止其旋轉。

　　這種夾緊式汽門鎖扣尤其適用於轉速很高的引擎。

　　採用非夾緊式連接〔圖2-28(b)〕時，處於安裝狀態下的兩部分汽門鎖扣相互支承，並無夾緊。

⑤汽門彈簧　汽門彈簧負責以可控制方式關閉汽門，就是說必須確保汽門隨凸輪一起運動，以使其即使在最高轉速時也能及時關閉。此外，其作用

力也必須足夠大，以防止汽門關閉（又稱汽門諧震跳動）後震動。汽門開啟時，汽門彈簧必須防止汽門與凸輪脫離。

圖解

標準結構形式為對稱圓柱彈簧。這種彈簧的螺距在彈簧兩端是對稱的且螺旋直徑保持不變。圖2、3、4為疏密圈徑不同彈簧，在彈簧壓縮過程中，簧圈部分接觸可使彈簧特性曲線產生階躍性變化（彈簧壓縮程度越大，彈簧力越大，以改善汽門諧震）。

汽門彈簧結構形式見圖2-29。

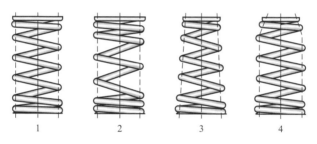

圖2-29 汽門彈簧結構形式

1—圓柱形、對稱式汽門彈簧；2—圓柱形、非對稱式汽門彈簧；
3—錐形汽門彈簧；4—半錐形汽門彈簧

2.1.2 引擎維修分解與組合

（1）汽缸蓋維修

圖解

圖2-30汽缸蓋裝配示意圖中，前面標記「●」的零元件是不可重複使用的。

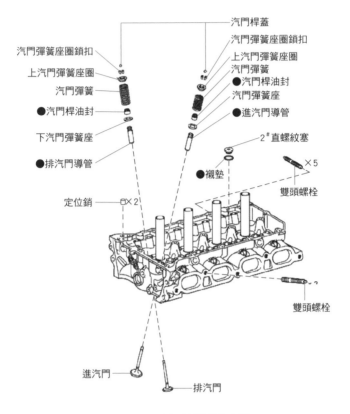

圖2-30　汽缸蓋裝配示意圖

①汽缸蓋的拆解

a. 拆卸汽門桿蓋。

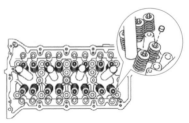

圖2-31　拆卸汽門桿蓋

圖解

如圖2-31所示,從汽缸蓋上拆下汽門桿蓋。注意,按正確的順序擺放拆下的零件。

b. 拆卸進汽門。

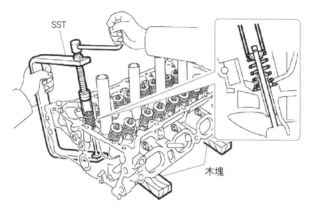

圖2-32 拆卸進汽門

 圖解

如圖2-32所示,用SST(專用工具)和木塊壓縮(用專用工具向下壓汽門彈簧)並拆下汽門座圈鎖扣。注意,按正確的順序擺放拆下的零件。

拆下彈簧座圈、汽門彈簧和汽門。注意,按正確的順序擺放拆下來的零件。

維修提示

拆卸進汽門和排汽門的操作程序一致。

c. 拆卸汽門桿油封。

圖2-33　拆卸汽門桿油封

圖解

　　如圖2-33所示，用尖嘴鉗或導管油封鉗拆下油封，在拆卸油封時，旋轉地往外拔就能很輕鬆地拆下，不要用很大勁。

d. 拆卸汽門彈簧座。

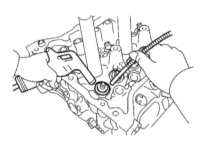

圖2-34　拆卸汽門彈簧座

圖解

　　如圖2-34所示，用壓縮空氣和磁棒，吹入空氣以拆下汽門彈簧座。

② 汽缸蓋的檢查

a. 檢查汽缸蓋平面不平度。

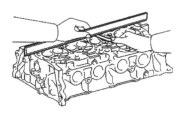

圖2-35　檢查汽缸蓋平面不平度

 圖解

　　如圖2-35所示，使用直定規和厚薄規，測量汽缸蓋與汽缸體和進排氣歧管接觸面的不平度。汽缸體側極限差值在0.05mm內。

　　如果不平度大於最大值，則更換汽缸蓋。

b. 檢查汽缸蓋是否破裂。

圖2-36　檢查汽缸蓋是否破裂

 圖解

　　如圖2-36所示，用染色滲透法檢查進氣口、排氣口以及汽缸體表面是否有裂紋。如果有裂紋，則更換汽缸蓋。

c. 檢查凸輪軸軸向間隙。

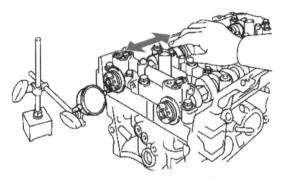

圖2-37　檢查凸輪軸軸向間隙

 圖解

　如圖2-37所示，安裝凸輪軸，來回移動凸輪軸的同時，用千分錶測量軸向間隙。最大軸向間隙一般為0.15mm。

　如果軸向間隙大於最大值，則更換止推凸緣。如果超出止推凸緣極限，則更換凸輪軸或更換軸承座（汽缸蓋）。

d. 檢查凸輪軸油膜間隙。

塑膠量規

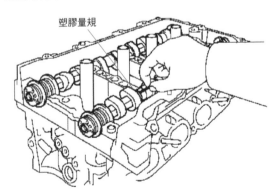

圖2-38　檢查凸輪軸油膜間隙

圖解

如圖2-38所示。

①清潔軸承蓋和凸輪軸軸頸。

②將凸輪軸放到凸輪軸承座上。

③將塑膠量規擺放在各凸輪軸軸頸上，並鎖上軸承蓋。（不能轉動凸輪軸）

④測量塑膠量規最寬處。最大油膜間隙極限值為0.085～0.09mm。

如果油膜間隙大於最大值，則更換凸輪軸。如有必要，更換汽缸蓋。

e. 檢查汽門彈簧。

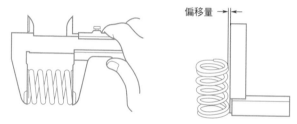

圖2-39   檢查汽門彈簧

圖解

如圖2-39所示。

①使用游標卡尺，測量汽門彈簧的自由長度。例如TOYOTA 1ZR-FE引擎彈簧自由長度為53.36mm。

如果自由長度不符合規定，則更換汽門彈簧。

②用直角規測量汽門彈簧正直度的偏移量。最大偏移量為1.0mm。

如果偏移量大於最大值，則更換汽門彈簧。

（2）汽缸體維修

a. 拆卸帶連桿的活塞分總成。

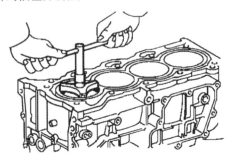

圖2-40　拆卸帶連桿的活塞分總成（一）

圖解

如圖2-40所示，用鉸刀去除汽缸頂部的所有餘綠與積碳。

裝配標記

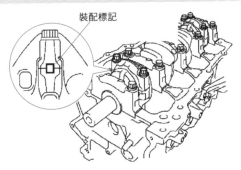

圖2-41　拆卸帶連桿的活塞分總成（二）

圖解

　如圖2-41所示，檢查並確認連桿和連桿軸承蓋上的裝配標記相互對準以確保正確裝配。

　注意，連桿和連桿軸承蓋的裝配標記是為了確保正確安裝。

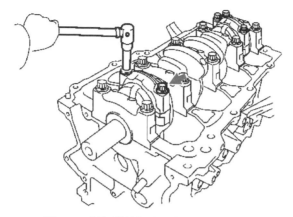

圖2-42 拆卸帶連桿的活塞分總成（三）

 圖解

如圖2-42所示，用套筒扳手均勻鬆開2顆連桿軸承蓋固定螺栓。

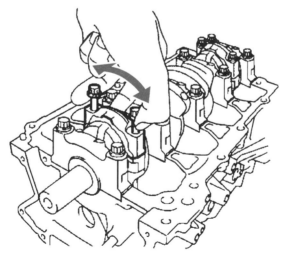

圖2-43 拆卸帶連桿的活塞分總成（四）

圖解

如圖2-43所示。

①用2顆已拆下的連桿軸承蓋螺栓，通過左右搖動連桿蓋拆下連桿軸承蓋和軸承片。

注意，保持下軸承片插入連桿軸承蓋。

②從汽缸體的頂部推出活塞、連桿總成和上軸承片。

注意，使軸承片、連桿和連桿軸承蓋連在一起。按正確的順序擺放活塞和連桿總成。

b. 安裝曲軸上止推軸承片。

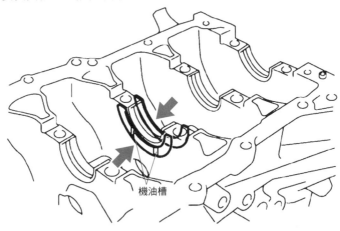

機油槽

圖2-44　安裝曲軸止推軸承片

 圖解

如圖2-44所示，

①使機油槽向外，將2個止推墊圈安裝到汽缸體的3號軸頸下方（中央軸頸處）。

②在曲軸止推軸承片上塗抹引擎機油。

c.安裝曲軸。

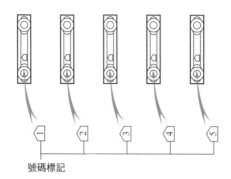

號碼標記

圖2-45 曲軸安裝（一）

圖解

如圖2-45所示，

①在軸承座上的軸承片正面塗抹引擎機油，並將曲軸安裝到汽缸體上。

②在軸承蓋上的軸承座正面塗抹引擎機油。

③檢查數字標記，並將軸承蓋安裝到汽缸體上。

④在軸承蓋螺栓的螺紋上和軸承蓋螺栓下塗抹一薄層引擎機油。

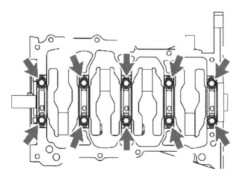

圖2-46 曲軸安裝（二）

圖解

如圖2-46所示，暫時安裝10個主軸承蓋螺栓。

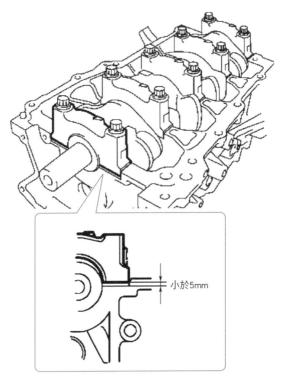

小於5mm

圖2-47　曲軸安裝（三）

圖解

　　如圖2-47所示，注意曲軸軸承蓋的方向及座次，用手插入主軸承蓋，直到主軸承蓋和汽缸體間的間隙小於5mm。

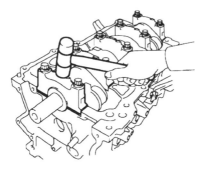

圖2-48　曲軸安裝（四）

 圖解

如圖2-48所示，

①用塑料錘輕輕敲擊軸承蓋以確保正確安裝。

②安裝曲軸軸承蓋螺栓。

特別注意：主軸軸承蓋螺栓的鎖緊要分次鎖緊規範扭力。（若為塑性螺絲，要再配合角度規鎖緊規範角度。）

d. 活塞的安裝。

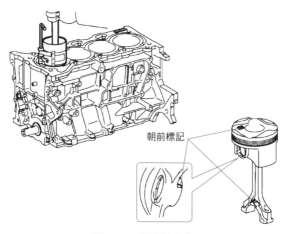

朝前標記

圖2-49　活塞的安裝

圖解

　　如圖2-49所示，使活塞朝前標記朝前，用活塞環壓縮器將對應標號的活塞和連桿總成壓入汽缸內。

　　特別注意：

①將連桿插入活塞時，不要使其接觸機油噴嘴。

②使連桿軸承蓋與連桿的標號相匹配。

③使用連桿螺絲護套，避免刮傷曲軸銷。

2.1.3　引擎機械故障

（1）正時鏈條機構維修

維修導讀

　　以福斯汽車EA888二代引擎為例，來執行正時鏈條機構拆卸和安裝的重要事項和操作程序。

　　①凸輪軸正時鏈條機構元件及裝配示意見圖2-50。

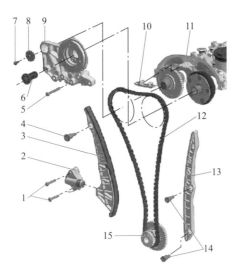

圖2-50　凸輪軸正時鏈條機構元件及裝配示意

1，5，7—螺栓；2—鏈條張力器（處於彈簧壓力下在拆卸之前必須用定位銷）；3—張力器壓桿；4，14—導向螺栓；6—控制閥；8—墊圈；9—軸承支架；10，13—導槽滑軌；11—凸輪軸殼罩；12—凸輪軸正時鏈條（拆卸前用彩色筆標記轉動方向）；15—鏈輪

②拆卸和安裝凸輪軸正時鏈條機構步驟及注意事項見表2-2。

表2-2　拆卸和安裝凸輪軸正時鏈條機構步驟及注意事項

①用拆卸工具T10352將控制閥沿箭頭方向拆下。 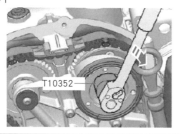	②將螺栓沿箭頭所示轉出並將軸承支架取下。 
③用夾具T10355將曲軸皮帶盤（減震盤）旋轉至「上死點」箭頭位置。 　注意：皮帶盤上的缺口必須與正時鏈下外蓋板上的箭頭標記相對；凸輪軸的標記（1處）必須朝上。 ④拆卸正時鏈下部外蓋板。 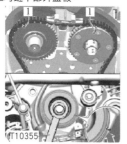	⑤朝箭頭方向壓機油泵的鏈條張力器並用定位銷T40011固定。 ⑥拆卸機油泵的鏈條張力器。 ⑦取下機油泵的鏈條。 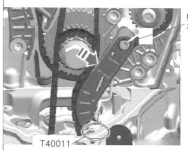
⑧用合適的螺絲起子沿箭頭1方向抬起鏈條張力器的止動楔（釋放張力器），朝箭頭2方向按壓正時鏈的張力器壓桿並用定位銷T40011固定。 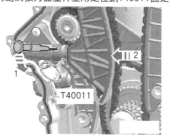	⑨拆下正時鏈條的張力器壓桿（82處）。拆下正時鏈條。 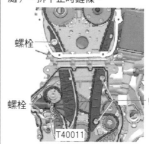

續表

⑩將正時鏈條裝到排氣凸輪軸上,將正時鏈條裝到曲軸上。 ⑪用扳手沿箭頭方向旋轉進氣凸輪軸並將正時鏈條裝上。 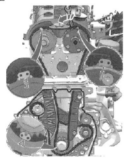	⑫安裝正時鏈條的張力器壓桿,鎖緊螺栓1。 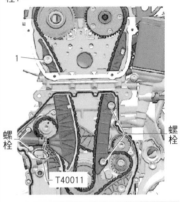
⑬插上軸承支架並用手鎖上緊螺栓,鎖緊軸承支架的螺栓。	⑭其餘的組裝工作大體上與拆卸順序相反,同時要注意調整相關總成支架是否復位。

③平衡軸正時鏈條機構

a. 平衡軸正時鏈條機構元件及裝配示意見圖2-51。

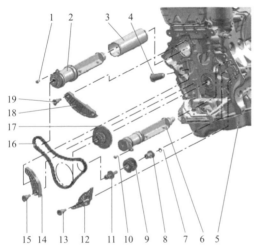

圖2-51　平衡軸正時鏈條機構元件及裝配示意

1,10—螺栓;2—平衡軸;3—平衡軸管;4—鏈條張力器;5—汽缸體;6—平衡軸;7—O形環;8—支承軸銷;9,17—鏈輪;10—帶墊圈螺栓;12—導槽滑軌;13—導向螺栓;14—張力器壓桿;15,19—導向螺栓;16—正時鏈條;18—導槽滑軌

b. 拆卸和安裝平衡軸正時鏈條機構步驟及注意事項見表2-3。

表2-3　拆卸和安裝平衡軸正時鏈條機構步驟及注意事項

①拆卸凸輪軸正時鏈條的導槽滑軌1；拆卸凸輪軸正時鏈條的鏈條張力器2。 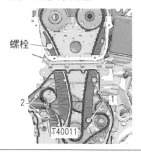 螺栓	②拆卸平衡軸正時鏈條的鏈條張力器1；拆卸滑軌螺栓2～滑軌螺栓4；拆下正時鏈條。 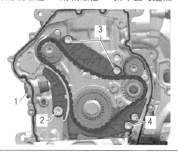
③安裝時，將中間軸輪／平衡軸轉到標記處。 　注意：正時鏈條有顏色的鏈節必須定位在鏈輪標記上。 	④安裝正時鏈條，正時鏈條有顏色的鏈節必須定位在鏈輪標記上。 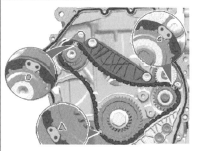
⑤安裝正時鏈條的滑軌並鎖緊螺栓4、3。安裝正時鏈條的張力器壓桿，鎖緊螺栓2；安裝正時鏈的鏈條張力器1。 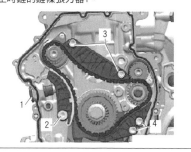	⑥再次檢查調整情況。 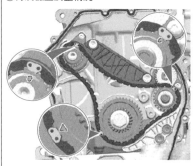
⑦檢查中間軸輪／平衡軸的標記。	⑧其餘的組裝工作大體上與拆卸順序相反。

④拆卸和安裝進氣凸輪軸的平衡軸步驟及注意事項見表2-4。

表2-4　拆卸和安裝進氣凸輪軸的平衡軸步驟及注意事項

①拆卸中間齒輪1。	②拆卸進氣凸輪軸的平衡軸螺栓2。用機油給平衡軸的軸承上油。安裝進氣凸輪軸的平衡軸。
	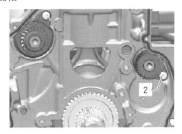
③更換O形環1並塗上引擎機油。用機油給支承銷上油並將其插入，支承銷上的凸起處必須嵌入汽缸體的孔中。	④用顏色筆標記中間齒輪的齒面（圖中箭頭所指處）。推入中間齒輪，平衡軸上的標記必須在齒面標記之間。

（2）正時皮帶機構拆裝和校對

 圖解

　　正時機構及凸輪軸驅動若使用皮帶，一般按廠家要求，正時皮帶每隔9萬公里需要更換一次。

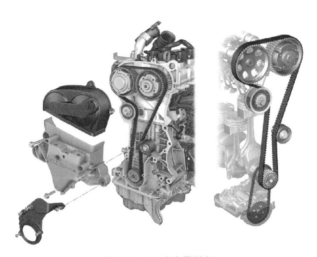

圖2-52　正時皮帶機構

1）找一缸「上死點」

 圖解

　將曲軸轉到「上死點」位置的方法：
①如圖2-53所示，將用於密封汽缸體「上死點」孔的螺旋螺栓轉出，順時針旋轉曲軸，使曲軸轉過一缸上死點270°左右。

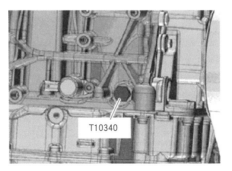

T10340

圖2-53　找一缸「上死點」位置

②將專用工具曲軸正時插銷T10340以30N‧m的扭力鎖到汽缸體上並鎖緊。 將曲軸沿順時針方向轉動，至限位位置。圖2-54所示為找一缸上死點的專用工具T10340。

T10340

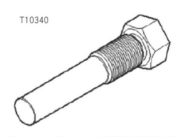

圖2-54　找一缸上死點的專用工具

專用工具栓T10340頂在曲軸側壁，它只能在引擎轉動方向上鎖定曲軸於上死點的位置上。

2）拆卸正時皮帶重要程序和注意事項

 圖解

①用專用工具T10340將曲軸定位於上死點的位置。凸輪軸也應位於上死點。檢查方法：如圖2-55所示，在進氣和排氣凸輪軸的後端，不對稱的卡槽必須位於過圓心的水平中心線的上方。
②拆下曲軸皮帶輪，將專用工具（尼龍塊）放在曲軸正時皮帶輪前端，並用曲軸螺栓壓緊工具和曲軸正時皮帶輪，防止其錯位。
③ 拆下正時皮帶前的曲軸前罩蓋、凸輪軸罩蓋與中間罩蓋。
④ 拆下凸輪軸後端的罩蓋及水泵。

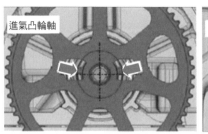 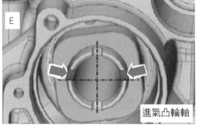

進氣凸輪軸

E

進氣凸輪軸

圖2-55 進氣凸輪軸上死點位置

 圖解

⑤當凸輪軸位於上死點，即在凸輪軸的後端不對稱的卡槽位於過圓心的水平中心線上方時，如圖2-56所示，裝入凸輪軸定位鎖專用工具T10477，T10477必須能很容易裝入安裝位置，並用螺栓箭頭所示鎖緊，這樣凸輪軸被固定在上死點位置。

T10477
專用工具

圖2-56 裝入凸輪軸鎖定位專用工具

 維修提示

不能用強行衝擊的方法安裝專用工具T10477，否則將損壞零件。

圖解

⑥如圖2-57所示，用專用工具T10172/2和T10172轉鬆進氣凸輪軸皮帶輪的固定螺栓1，並用同樣方法轉鬆排氣凸輪軸皮帶輪的固定螺栓，此兩螺栓都鬆開一圈。

　　注意：鬆此兩螺栓的反作用力，必須由專用工具T10172/2和T10172承受，不能使凸輪軸鎖專用工具T10477受力，否則將損壞工具和零件。

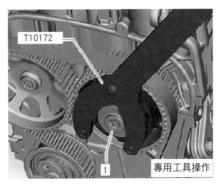

圖2-57　使用專用工具

圖解

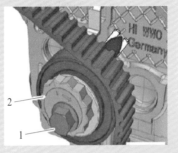

⑦如圖2-58所示，鬆開螺栓1，用30mm梅花扳手或專用工具SW30-T10499鬆開偏心張力輪2。

⑧將齒形皮帶從凸輪軸上拆下。

圖2-58　鬆開偏心張力輪

3）裝配正時皮帶重要程序和注意事項

圖解

①用專用工具T10340將曲軸定位於「上死點」位置，用凸輪軸鎖專用工具T10477將凸輪軸固定在上死點位置。

②更換凸輪軸皮帶輪固定螺栓，並將其轉上，但不要鎖緊，使凸輪軸皮帶輪能在凸輪軸上轉動，但不能晃動。

③安裝張力輪，如圖2-59所示，使張力輪的凸耳必須嵌入在汽缸蓋的鑄造孔內，張力輪的固定螺栓用手鎖緊。

④如圖2-60所示，按下列順序裝上齒形皮帶：曲軸齒形皮帶輪、張力輪、排氣凸輪軸皮帶輪、進氣凸輪軸皮帶輪及中間導向輪。

⑤安裝曲軸前殼蓋。

圖2-59　張力輪安裝

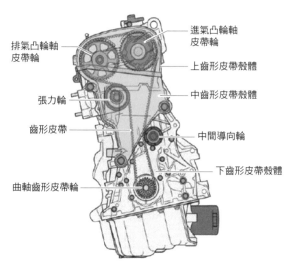

圖2-60　在輪上按順序裝上齒形皮帶

4）檢查正時重要程序和注意事項

①拆下用於定位曲軸「上死點」位置的專用工具T10340，拆下用於固定凸輪軸上死點位置的凸輪軸鎖專用工具T10477。

②曲軸沿引擎轉動方向轉3圈+270°，將專用工具T10340以30N·m的扭力鎖到汽缸體上並鎖到底。再將曲軸沿順時針方向轉到限位位置，現在曲軸處於上死點。如果凸輪軸鎖專用工具T10477能夠很容易地安裝到凸輪軸的止點位，並能用螺栓箭頭所示方向輕易地鎖到底，則正時調整正確。

③如果凸輪軸鎖專用工具T10477無法順利安裝，則汽門正時不合格，必須重新調整汽門正時。

④如果正時調整正確，則拆下用於定位曲軸「上死點」位置的專用工具T10340，再拆下用於固定凸輪軸上死點位置的凸輪軸鎖專用工具T10477。

⑤用專用工具T10172/2和T10172將凸輪軸皮帶輪的固定螺栓1、2鎖緊至最終的規定鎖緊扭力。

圖2-61　進汽門積碳，排汽門良好

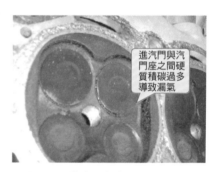

圖2-62　進汽門與汽門座圈有積碳

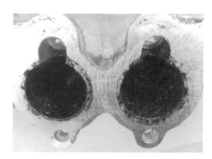

圖2-63　進氣歧管（進氣道）積碳

（3）引擎故障

圖解

　　如圖2-61～圖2-63所示，汽缸蓋解體發現進汽門面附著積碳很厚，進氣歧管及汽缸蓋進氣部位附著一層硬質光滑積碳。引擎進汽門錐面硬質積碳過多，冷車啟動時壓縮混合氣，在進汽門與汽門座圈縫隙漏出，造成汽缸壓力過低，夏季中午溫度很高或熱車時積碳軟化，汽門密封良好，引起冷機引擎不能啟動、熱機引擎啟動及工作正常。

圖2-64　清除汽門上的積碳

將汽缸蓋進氣道附著積碳清除

圖2-65　清洗積碳

圖2-66　清洗後的進氣道（一）

圖2-67　清洗後的進氣道（二）

圖2-68　清洗後的進氣道（三）

 圖解　

　　如圖2-64～圖2-68所示，將進氣歧管、進汽門、汽缸蓋進氣道部位硬質積碳清除，然後用清洗劑清洗。

①如果空氣濾清器濾芯被嚴重污染或滲透，污物顆粒和液體可能會進入進氣歧管內。這將導致引擎受損，馬力不足。
②使用原廠空氣濾清器濾芯。
③安裝進氣軟管時請使用無矽潤滑脂。
④檢查連通至空氣濾清器濾芯的進氣通道上是否有污物。 如果發現有污物，應從空氣濾清器罩上清除掉。

2.2

引擎冷卻系統維修

2.2.1　冷卻系統基本結構原理

（1）冷卻系統概述

　　根據引擎類型、引擎馬力和裝備特點使用增壓空氣冷卻器、液壓油冷卻器、變速箱油冷卻器、機油冷卻器和廢氣冷卻器。

　　水冷系統經過了三個發展階段（形式）：簡單水冷系統、水冷系統 MTK（局部冷卻式引擎冷卻系統）、橫流式水冷系統。

　　燃燒產生的熱量無法全部轉化為機械能。一部分繼續以熱能形式存在，此外還會通過摩擦和壓縮產生其他熱量。一部分熱量隨著廢氣排出，剩餘部分由引擎元件和引擎機油吸收。由於材料和機油的耐熱性有限，必須排出熱量。根據燃燒過程平均大約三分之一的燃油能量通過冷卻系統排出，這就是冷卻系統的任務所在。

（2）冷卻系統的循環

維修提示

　　冷卻水循環在一個封閉的循環迴路內進行，該循環迴路內可添加防腐劑和防凍劑。冷卻水通過一個水泵在引擎和水箱內進行循環。行駛對流空氣／輔助風扇為水箱輸送冷空氣。一個節溫器可以使冷卻水從空氣水箱旁流過，從而調節冷卻水溫度。

①四缸引擎冷卻水迴路

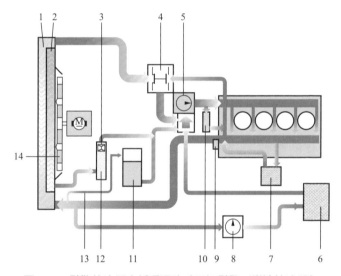

圖2-69　引擎的冷卻水循環迴路（四缸引擎／變速箱冷卻）

1—冷卻水水箱；2—變速箱冷卻器（冷卻水／空氣熱交換器）；
3—變速箱油冷卻器內的節溫器；4—節溫器；
5—水泵；6—暖氣熱交換器；
7—引擎機油冷卻器（引擎油／冷卻水熱交換器）；
8—輔助水泵（冷卻水／空氣熱交換器）；
9—引擎出口處的冷卻水溫感知器；
10—EGR冷卻器；11—副水箱（膨脹水箱）；
12—變速箱油冷卻器（變速箱油／冷卻水熱交換器）；
13—排空氣管路；14—電動風扇

圖解

如圖2-69所示，引擎的冷卻系統是封閉的循環系統。冷卻水通過一個水泵在引擎和冷卻水水箱內進行循環。

水泵通常由引擎綜合皮帶進行驅動。在這種情況下冷卻水輸送量直接取決於引擎轉速。水泵循環來自各個冷卻迴路元件的冷卻水。

節溫器負責引導冷卻水通過水箱內部或在水箱旁的短路旁通道內經過。

維修提示

節溫器調節範圍，冷卻水溫度處於開始開啟和完全開啟溫度之間。冷卻水流動根據冷卻水溫度進行分布。一部分流過散熱水箱，剩餘部分仍在引擎內運行。

②多缸引擎循環迴路

維修提示

冷卻水以大家所熟悉的橫向流動方式通過汽缸蓋和引擎汽缸體。但該冷卻迴路的新特點在於，每個汽缸蓋都有一個獨立的冷卻水供給管路且節溫器位於回流管路內。

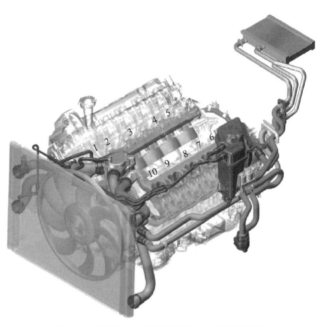

圖2-70　引擎的冷卻循環迴路（多缸引擎）

 圖解

　　如圖2-70所示，冷卻水水箱分為上、下兩個水箱。從汽缸蓋1～5流出的冷卻水經過上部水箱，從汽缸蓋6～10流出的冷卻水經過下部水箱。

　　由於冷卻水水箱分為兩個部分，因此需要三個排空氣孔和兩個排空氣管路來確保系統自動排氣。

　　暖氣熱交換器的分接頭安裝在汽缸蓋後部。暖氣熱交換器回流管路和連接副水箱的管路在水泵前通過一個T形接頭連接在一起。

③節溫器打開時的冷卻水流程

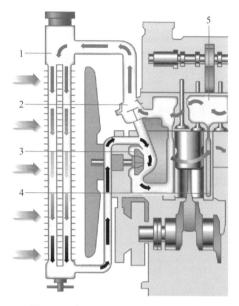

圖2-71 節溫器打開時的冷卻水流程

1—水箱；2—節溫器；3—水泵；
4—引擎缸體內的水道（水套）；5—汽缸蓋內的水道（水套）

 圖解

圖2-71所示為節溫器打開時的冷卻水流。

冷卻水溫度高於節溫器完全開啟溫度，全部冷卻水都經過散熱水箱。這樣可以利用最大冷卻能力。

完全開啟溫度：100℃。

節溫器打開時，冷卻水通過水箱並吸收引擎熱量，此時稱為大冷卻循環迴路。

④節溫器關閉時的冷卻水流程

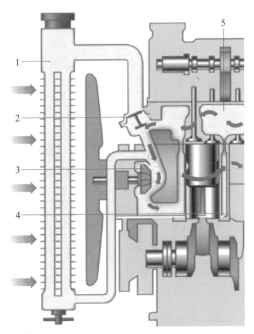

圖2-72　節溫器關閉時的冷卻水流程
1—散熱水箱；2—節溫器關閉；3—水泵；
4—引擎缸體內的水道（水套）；5—汽缸蓋內的水道（水套）

圖解

　　如圖2-72所示，冷卻水溫度低於節溫器初開溫度。冷卻循環迴路短路。冷卻水只在引擎內不經過散熱水箱。

　　初開溫度：約88℃。

　　節溫器關閉時，冷卻水不經過散熱水箱，而是直接返回水泵，此時稱為小冷卻循環迴路。

2.2.2 冷卻系統檢測與故障診斷

(1) 節溫器

傳統節溫器只能通過冷卻水溫度確定是否調節引擎溫度。這種調節方式可分為三個工作範圍：節溫器關閉、節溫器完全開啟、節溫器部分開啟（表2-5）。

表2-5 節溫器狀況及控制

項目	狀況／控制	內容／圖解	圖示
傳統節溫器（蠟丸式）	節溫器關閉	冷卻水僅在引擎內循環，冷卻循環迴路封閉。	
	節溫器完全開啟	全部冷卻水流經散熱水箱，從而利用最大冷卻能力。	
	節溫器部分開啟	節溫器中的蠟製元件在周圍冷卻水溫度的作用下會部分熔化或完全熔化，從而使部分冷卻水從散熱水箱流過，另一部分冷卻水從水箱旁的一個「短路旁通」流過。這樣可以避免在冷卻水溫度很低時繼續冷卻，並確保在溫度很高時提供最大冷卻能力。	
電子節溫器（智能特性曲線式節溫器）	該特性曲線由下列參數決定：引擎負荷、引擎轉速、車速、進氣溫度、冷卻水溫度	①通過這種「智能型」控制方式可在引擎部分負荷範圍內設置為較高的冷卻水溫度。部分負荷範圍內的運行溫度較高時，可達到更好的燃燒效果（配置了對應的引擎管理系統），從而降低耗油量和廢氣排放量。引擎全負荷運行時，較高的運轉溫度會帶來不利影響（例如因爆震趨勢造成點火延遲）。因此，全負荷運行時將通過智能特性曲線式節溫器有效降低冷卻水溫度。②這種智能特性曲線式調節方式還取決於可由引擎管理系統控制的電風扇。	1—空氣溫度特性曲線； 2—負荷特性曲線； 3—車速特性曲線； 4—冷卻水溫度特性曲線； 5—邏輯電路； 6—電動風扇； 7—特性曲線式節溫器

由於現代智能型熱量管理系統根據引擎溫度影響耗油量、污染物排放量、動力能和舒適性，所以與其相匹配的該特性曲線式節溫器也廣泛應用

在車輛上，成功結合現代引擎管理系統的電子裝置。這種組合方式就是在節溫器的膨脹材料內安裝了一個電熱式加熱電阻。引擎管理系統根據存儲的特性曲線和實際行駛狀況控制加熱元件（表2-5）。

智能特性曲線式節溫器結構見圖2-73。

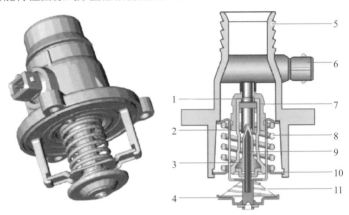

圖2-73　電子節溫器（智能特性曲線式節溫器）

1─加熱電阻；2─主閥；3─橡膠嵌入件；4─旁通閥；5─殼體；6─插頭；
7─節溫器殼體；8─主彈簧；9─工作活塞；10─橫桿；11─旁通彈簧

（2）水泵節溫器

①傳統的機械式水泵

圖2-74　傳統機械式水泵

圖解　

　　如圖2-74所示，傳統機械式水泵由帶輪輪轂、端面密封和葉輪組成。這種泵的故障特點為葉片和軸承損壞。

②新型機械式水泵

 圖解　

　　如圖2-75所示，這種水泵裝有一個針對泵軸端面密封功能性洩漏的「洩漏防護系統」。通常情況下，在泵軸端面密封環處溢出的冷卻水匯集於此並通過溢流孔進入洩漏室。

　　滑環損壞時，洩漏室就會完全充滿冷卻水。

　　冷卻水從洩漏室通風孔溢出時表示端面密封損壞。

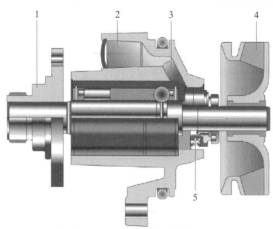

圖2-75　新型機械式冷卻水泵

1—帶輪輪轂；2—洩漏室／蒸發空間；
3—由端面密封至洩漏室的溢流孔；
4—葉輪；5—端面密封

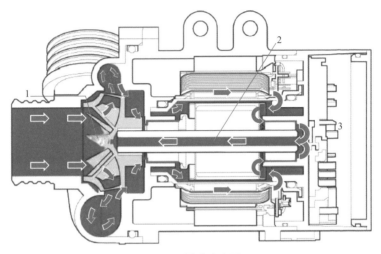

③電動式水泵

圖2-76　電動式水泵

1—水泵葉輪；2—管道密封式電動機；3—電子裝置

圖解

　　如圖2-76所示，冷卻循環迴路的重要零件（例如水泵、節溫器和風扇）可通過電動方式進行調節。電動式水泵可確保熱量管理系統要求的冷卻水流量不受當前引擎轉速的影響。

　　電動水泵必須滿足較高的要求：

①運行安全性較高；

②結構體積較小；

③功率消耗較小（大約200W）；

④無洩漏；

⑤實現最小體積流量；

⑥能夠承受較高的環境溫度。

　　選擇了帶有EC電動機（電子換向無刷馬達）和結合電子裝置且根據轉子泵原理工作的電動水泵。

泵內結合的電子裝置功能：

①調節並提供電壓和電流，使EC電動機（電子換向無刷馬達）和水泵運轉。

②按照引擎管理系統的要求，以調節泵轉速並向引擎管理系統回饋相關信息的方式，調節冷卻水流量。

④ 電動水泵控制系統

 圖解

圖2-77所示為高階車型賓士引擎M274引擎水泵，相對比較複雜。暖車操作期間，通過球式旋轉閥關閉水泵，以便冷卻水留在引擎中。這允許引擎可以進行迅速加熱，且節能操作策略（如ECO起停系統）可以對應地進行更快速的起動。

如果加熱或空調請求出現，則水泵按要求起動。

如果滿足以下條件，在冷起動時水泵會關閉：

a.冷卻水溫度低於85℃；

b.尚未達到存儲在ME-SFI引擎控制電腦中的增壓溫度限值；

c.引擎轉速尚未超過4000r/min的固定限值；

d.自動空調控制和操作單元沒有作出「加熱」請求。

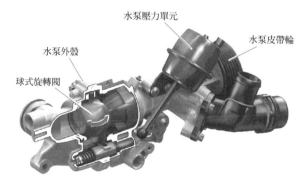

水泵壓力單元

水泵皮帶輪

水泵外殼

球式旋轉閥

圖2-77　水泵（M274引擎）

圖解

如圖2-78所示，水泵的球式旋轉閥可以使水流至引擎以進行切斷，以便冷卻水不再循環和進行快速加熱。壓力單元通過控制桿起動球式旋轉閥。

對於引擎M274，水泵通過水泵轉換閥以電動液壓方式關閉。所需的真空通過引擎處的機械真空泵產生。

ME-SFI引擎控制電腦根據輸入信號起動水泵轉換閥。該起動允許真空作用在壓力單元的膜片上並關閉球式旋轉閥。

如果壓力單元中沒有真空壓力，球式旋轉閥通過水泵外殼（基本位置）開啟。對水泵進行控制，以便可以盡快對車內進行加熱。

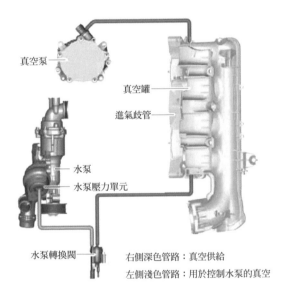

圖2-78　水泵控制系統（M274引擎）

（3）冷卻模組裝置

冷卻模組由各種不同的車輛冷卻系統和空調系統組件構成，見表2-6。

表2-6　冷卻模組裝置

項目	內容／圖解	圖示
冷卻模組裝置及風扇和風扇傳動裝置	開始時使用了根據引擎轉速強制驅動的風扇，後來使用帶有離合器的風扇。使用這種風扇時，將按照引擎轉速確定的傳動比以初級側的驅動轉速，通過矽油摩擦方式傳遞到與風扇連接的次級側。通過調節離合器的矽油量可使風扇轉速在怠速轉速直至接近驅動轉速之間變化。 上述調節由一個完全根據溫度自動調節的離合器進行，該離合器通過一個雙金屬片、一個開關銷和閥桿以控制工作室內矽油量的方式對自身轉速進行無段調節。調節參數是水箱後的空氣溫度以及間接的冷卻水溫度。後來電動風扇取代了矽油離合器控制風扇，電動風扇最初僅作為電動輔助風扇安裝在裝有空調系統的車輛上（如BMWE65引擎）。	 1—轉向輔助系統冷卻器； 2—空調冷凝器；3—冷卻水箱； 4—帶風扇罩的電動風扇； 5—變速箱油／冷卻水熱交換器（自動變速箱車輛）

（4）冷卻水箱（表 2-7）

表2-7　冷卻水箱

項目		內容／圖解	圖示
冷卻水水箱結構與功能	自動變速箱車輛	目前，冷卻水箱幾乎只使用鋁合金水箱芯。 冷卻水箱包括兩個部分：一個主要負責引擎冷卻的高溫區，一個確保自動變速箱油冷卻的低溫區。其實現方式是，通過結合在水箱內分流器使高溫區附近的部分冷卻水轉變流向。	 1—冷卻水入口；2—冷卻水出口； 3—調節套管（長）；4—低溫區域； 5—連接變速箱油／冷卻水熱交換器

續表

項目	內容／圖解	圖示
冷卻水水箱結構與功能	手排變速箱車輛	通過在兩個水箱中安裝調節套管可在變速箱油／冷卻水熱交換器內隔出一個用於變速箱油冷卻的低溫區域。 使用較短調節套管時，不啟用用於變速箱油冷卻的低溫區域，且連接變速箱油／冷卻水熱交換器的冷卻水出口以密封方式堵住。在此，整個冷卻水箱面積都用於引擎冷卻。	 1—冷卻水入口；2—冷卻水出口； 3—調節套管（短）； 4—水箱

維修提示

維修時，自動變速箱車輛的調節套管較長，手排變速箱車輛的調節套管較短。

（5）空氣冷卻器（空冷器）（表2-8）

表2-8　冷卻交換

項目	內容／圖解	圖示
帶有增壓空氣冷卻器的渦輪增壓系統	引擎馬力與空氣通過量有一定關係。由於空氣通過量與空氣密度關係密切，因此在空氣進入汽缸前對其進行預壓縮（增壓）可提高引擎功率。與自然進氣引擎相比，增壓程度代表密度增大。如果壓縮空氣（增壓空氣）的溫度沒有提高或通過增壓空氣冷卻方式冷卻至初始溫度，則增壓程度由所使用的增壓系統決定（可達到的壓縮比）並在壓力增大至規定程度時達到最大。 使用增壓式引擎時，增壓空氣冷卻可降低熱負荷、排氣溫度和NO_x污染物排放量，從而減少耗油量。	1—進氣；2—增壓空氣冷卻器； 3—引擎；4—進入排氣裝置的廢氣； 5—帶有廢氣旁通閥的旁通；6—膜片盒； 7—大氣壓力

續表

項目	內容／圖解	圖示
冷卻水熱交換器 · 引擎機油／冷卻水熱交換器	機油／冷卻水熱交換器用於引擎機油熱量管理。這些交換器負責快速加熱機油並確保達到機油冷卻效果。	 機油濾清器 引擎機油／冷卻水熱交換器
冷卻水熱交換器 · 變速箱油／冷卻水熱交換器	通常情況下，變速箱油／冷卻水熱交換器內還有一個獨立的節溫器。引擎處於低溫時，該節溫器接通引擎小循環內的變速箱油／冷卻水熱交換器，能夠盡快加熱變速箱油，從一定冷卻水溫度起（例如82℃），節溫器回流管路就會接通冷卻水水箱的低溫循環迴路，從而使變速箱油充分冷卻。	 1—冷卻水入口；2—變速箱油出口； 3—變速箱油入口；4—冷卻水出口； 5—節溫器

（6）冷卻水洩漏及溫度過高

①冷卻水洩漏測試

　a. 打開引擎蓋。

　b. 拆下副水箱（膨脹罐）蓋（或壓力式水箱蓋）。

　c. 檢查冷卻水液位，如果需要，加注冷卻水使液面至（冷時）標記處。

　d. 朝電瓶方向，將副水箱（膨脹罐）從托架上拉出。（若為壓力式水箱蓋，該動作省略）

　e. 將冷卻系統測試器連接到副水箱（膨脹罐）上。（或連接至散熱水箱上）

　f. 向冷卻系統施加約100kPa的壓力。

　g. 檢查冷卻系統是否洩漏。

　h. 拆下冷卻系統測試器。

　i. 安裝副水箱（膨脹罐）蓋（或壓力式水箱蓋）。

　j. 將副水箱（膨脹罐）滑到托架上。（若為壓力式水箱蓋，該動作省略）

　k. 閉合引擎蓋。

②冷卻水洩漏的原因

水管接口老化

圖2-79　暖氣水箱水管接口老化

圖解

　　如圖2-79所示，冷卻水洩漏一般原因比較簡單，且能直觀地通過目視判斷故障部位或故障點。通常有以下原因造成冷卻水洩漏。

①冷卻水箱（水箱）損壞；

②暖氣水箱損壞；

③冷卻水管接口老化（圖2-79）或者水管束環損壞或者鬆動；

④水泵、出水口突緣、冷卻系統電子元件密封件等滲漏冷卻水。

③冷卻水溫度過高原因

水泵軸承卡死

水泵葉片損壞

圖2-80　水泵葉片損壞

  圖解

①水泵葉片脫落／損壞或水泵軸承卡死（圖2-80）；

②節溫器不能正常開啟；

③冷卻系統中有空氣，氣阻導致整個循環系統不順暢；

④冷卻水溫度迅速升高；

⑤溫控開關不能正常控制風扇運轉；

⑥膨脹罐蓋（水箱壓力式水箱蓋）有損壞（漏氣）；

⑦汽缸床墊衝壞；

⑧水箱表面附著了雜物，不能正常空氣流通導致的散熱不良；

⑨系統相關電子／電器元件損壞。

（7）冷卻系統電路故障

維修提示 ✂

> 　　冷卻系統電路故障一般出現在系統冷卻循環外部，如冷卻風扇、冷卻水溫度感知器等故障。在實際維修過程中，電路故障也有很多是由電器插接件連接不牢固等發生的偶發性故障或者間歇性故障。診斷這些故障要掌握一定的技巧及方法程序。
>
> 　　所以在檢修冷卻系統電路故障時一般不必考慮冷卻水循環內部元件。

①水箱風扇控制見表2-9。

表2-9　水箱風扇控制

控制說明		圖示
基本控制	根據車速感知器、冷卻水溫度感知器等的信號來開啟／關閉水箱風扇繼電器，從而將冷卻水溫度維持在適當水平。	
系統和操作	當點火鑰匙開關在「OFF」位置、「START」位置以及引擎停止（點火鑰匙開關在「ON」位置）時，風扇繼電器關閉。 　當冷卻水溫度感知器被斷開或發生短路時風扇繼電器開啟。	

②水箱風扇故障診斷見表2-10。

表2-10　水箱風扇故障診斷

故障表現	診斷程序	同步檢查
水箱風扇根本不運轉。	①檢查是否是風扇馬達本身故障。 ②對水箱風扇電路進行故障排除。	所有連接器是否清潔和牢固。
引擎冷卻系統的水箱風扇不運行，但在空調打開時運行。	對水箱風扇電路進行故障排除。	
空調冷凝器風扇根本不運行（但在空調打開時，水箱風扇運轉）。	對空調冷凝器風扇電路進行故障排除。	①空調／暖風系統故障。 ②所有連接器是否清潔和牢固。
空調打開時，水箱風扇和空調冷凝器風扇都不運行（但在空調打開時，空調壓縮機運行）。	對水箱和空調冷凝器風扇公共電路進行故障排除。	

2.2.3　冷卻系統分解與組合

（1）機油冷卻器的更換

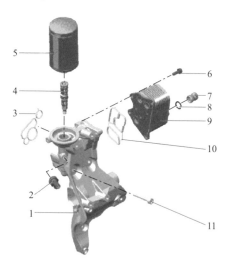

圖2-81　機油冷卻器分解圖

1—輔助機組支架；2—油壓開關；3，10—密封條；4—壓力閥；5—機油濾清器；
6，11—螺栓；7—接頭；8—密封環；9—機油冷卻器

圖解

　　如圖2-81所示，更換機油冷卻器時，在密封條10和3上均不需要塗抹密封膠，這點大家一定要注意，在實際維修過程中，有很大部分技師習慣性地認為接口處或密封墊處必須塗抹密封膠，在這裡告訴大家，這樣的做法是多此一舉的。

　　不塗抹密封膠的好處：

①下次維修該元件時可方便快捷地拆卸，也不需做除膠的清潔工作。

②密封膠塗抹在結合面不均勻反而會使該連接處漏油。

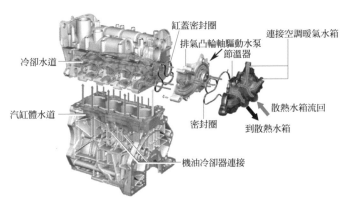

圖2-82　福斯EA211引擎冷卻系統及水泵布局

（2）水泵的更換

圖解

　　圖2-82所示為福斯EA211系列引擎水泵的布局。水泵安裝在汽缸蓋後部，由凸輪軸後端通過皮帶來驅動。引擎水泵總成（水泵／節溫器模組）分解見圖2-83，表2-11為水泵總成更換項目和步驟，如果更換了水泵，則同時更換齒形皮帶。

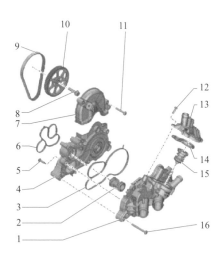

圖2-83　福斯EA211引擎水泵總成（水泵／節溫器模組）分解

1—冷卻水節溫器殼體；2—節溫器（汽缸體）；3,6,14—密封件；
4—水泵；5,8,11,12,16—螺栓；
7—齒形皮帶護罩；9—齒形皮帶；
10—齒形皮帶輪；13—蓋板；15—節溫器（汽缸蓋）

表2-11　水泵總成的更換

項目	步驟	操作內容及維修事項圖解	圖示
拆卸 水泵 總成	1	①排出冷卻水。 ②拆卸空氣濾清。 ③放出冷卻水。	
	2	④鬆開彈簧束環，拔下冷卻水軟管。	
	3	⑤脫開線束固定卡A和B。 ⑥轉出螺栓1和2，取下水泵齒形皮帶蓋罩3。	

續表

項目	步驟	操作內容及維修事項圖解	圖示
拆卸水泵總成	4	⑦按照5至1的順序鬆開螺栓並轉出。 ⑧取下水泵和齒形皮帶 　如果更換了水泵，則拆卸節溫器殼體。	
安裝水泵總成	1	①原廠密封圈安裝，確認箭頭處是否穩固安裝。 ②原廠密封圈具有高彈性、高耐溫、耐腐蝕特性，違規使用密封膠，會使密封圈硬化變形，密封性下降。	
	2	維修提示：安裝水泵時，必須按照下述③～⑥步驟執行操作。這樣才能確保正確張緊齒形皮帶。 ③第一缸置於上死點處。 ④對中放上齒形皮帶，接著將水泵置於安裝位置。 ⑤用鎖緊螺栓將水泵固定在汽缸蓋上。 ⑥按照所述的順序預鎖緊螺栓：第一步先按1至5順序把螺栓用手轉到底；第二步鎖緊到12N·m。	
	3	⑦重新鬆開所有螺栓一圈。	
	4	⑧在水泵上安裝扭力扳手和專用工具。由另一名技師預張緊水泵。	
	5	⑨在水泵仍然處於預張緊的狀態下，按照所述順序鎖緊水泵：第一步，螺栓按2、1、5的順序鎖緊至10N·m；第二步，螺栓按3、4、5、1、2的順序鎖緊至12N·m。	
	6	其餘操作按照拆卸的相反順序操作	

2.3

引擎潤滑系統維修

2.3.1 潤滑系統基本結構原理

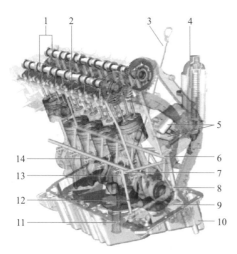

1—凸輪軸軸承；2—液壓汽門間隙補償裝置；3—機油尺；4—機油濾清器；5—鏈條張力器；6—主機油通道；7—渦輪增壓器供油裝置；8—未過濾機油通道；9—機油泵；10—油底殼；11—帶有機油濾網的吸油管；12—機油噴嘴通道；13—曲軸軸承；14—機油噴嘴

圖2-84　潤滑系統基本結構示意圖（一）

潤滑系統用於為引擎內所有需要潤滑和冷卻的部位提供機油。

 圖解

　　如圖2-84、圖2-85所示，大部分車輛都具有一個壓力循環潤滑系統。機油在機油泵的作用下通過吸油管從油底殼內儲存的機油出並輸送至機油迴路內。機油首先通過機油濾清器，隨後經引擎缸體內的機油通道輸送至潤滑部位。分支通道通向曲軸主軸承。機油從潤滑部位滴落後回流至油底殼內。

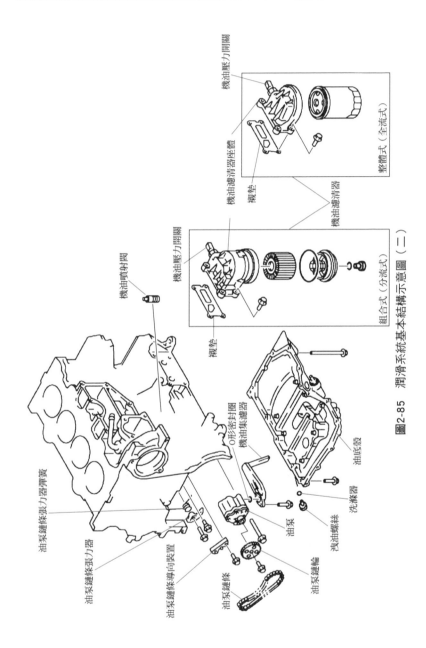

圖2-85　潤滑系統基本結構示意圖（二）

圖2-86　潤滑系統機油冷卻示意圖

 圖解

　　如圖2-86所示，為冷卻機油、變速箱油和輔助轉向方向機油，車輛通常需要安裝附加機油冷卻器。所產生的餘熱無法再通過油底殼或殼體表面散發而超過允許的機油溫度時，就要使用這種機油冷卻器。

　　冷卻機油時使用鋁制機油／空氣冷卻器或機油／冷卻水／空氣冷卻器熱交換器。

2.3.2　機油泵及機油噴射閥維修

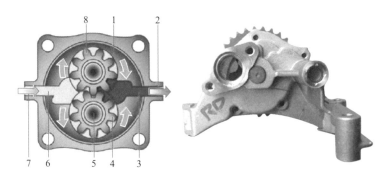

圖2-87　機油泵

1—機油泵殼體；2—壓力油；3—壓力室；4，8—齒輪；5—驅動軸；6—吸油室；
7—吸油油（真空油）

圖解

以簡單的轉子式機油泵為例介紹基本功能（圖2-87）。

機油泵的任務是在機油迴路內輸送機油。輸送量較高時，機油泵必須確保機油壓力充足。

機油泵通過一根吸油管從油底殼吸油機油並輸送至壓力側。

在這種機油泵中兩個外嚙合齒輪相互嚙合在一起，其中一個是驅動齒輪。未嚙合輪齒的齒頂沿機油泵殼體滑動，並將機油從吸油室輸送至壓力室。

機油泵通常由曲軸通過一個鏈條或一個齒輪進行驅動。機油泵的輸送功率由引擎轉速決定。為了能夠在引擎轉速較低時產生足夠的引擎油壓力，必須確保對應較大的機油泵設計尺寸。但其缺點在於高轉速時會輸送過多機油。雖然這種情況並不危險，因為多餘壓力可以排出，但是機油泵消耗的引擎功率超出所需範圍。因此現代的引擎機油泵輸送功率可以改變。

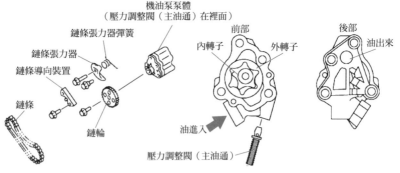

圖2-88　機油泵及組件

圖解

如圖2-88所示，

①機油泵就安裝在引擎前蓋內。 曲軸利用鏈條和鏈輪驅動內轉子。

②機油泵組件包括鏈輪、鏈條、鏈條導向裝置、鏈條張力器和鏈條張力器彈簧。

③機油泵上採用了內轉子（五葉片外旋輪）和外轉子（六側面內包葉型齒輪）。

④機油泵由內外轉子、壓力調整閥和機油泵泵體組成。

⑤機油泵是拆不開的。 如果機油泵存在故障，應將其整體更換。

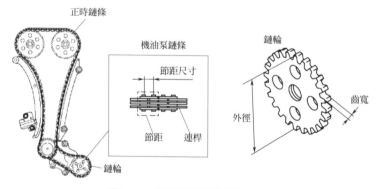

圖2-89　機油泵驅動的鏈條、鏈輪

圖解

如圖2-89所示，

①鏈條與鏈輪嚙合時，為減少鏈條運行噪音，機油泵上使用了無聲傳動鏈（桿連接型）。

②引擎前蓋內的油對油泵鏈條進行潤滑。耐磨性通過構成鏈條的銷釘得到提高。

③機油泵採用超耐熱硬質合金，提高了耐用性。

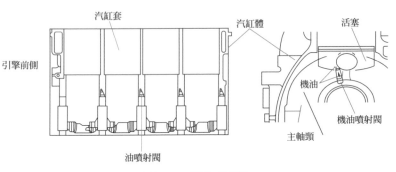

图2-90　機油噴射閥

 圖解　≫≫≫

如圖2-90所示，
①噴油閥就安裝在汽缸體內（主軸承座內）。機油噴射閥噴嘴指向每個活塞的背面。
②按照設計，噴油閥能夠保持引擎內的最佳機油壓力，能夠根據施加給噴油閥內止回閥球的油壓控制噴油。

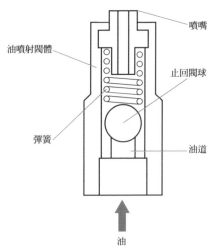

圖2-91　機油噴射閥工作

圖解

如圖2-91所示，

①施加給機油噴射閥內止回閥球的機油壓力，打開和關閉通向噴嘴的油道，並控制油噴射的開始和停止。

②施加給機油噴射閥內止回閥球的機油壓力超過規定值，即打開通向彈簧壓緊噴嘴的油道，並開始噴油。相反，施加給止回閥球的機油壓力小於規定的油壓值，則借助彈簧的力量堵住了油道，並停止噴油。

2.3.3　機油濾清器及機油壓力開關維修

（1）機油濾清器（表 2-12）

表2-12　機油濾清器

內容／圖解	圖示
機油濾清器用於清潔機油，防止污物顆粒進入機油迴路並因此進入軸承部分。這樣可以避免引擎油因固體雜質（例如金屬磨損顆粒、碳煙或灰塵顆粒）提前變質。 　維修提示：機油濾清器無法去除液態或溶解在機油內的污物。 　目前車輛引擎使用全流式機油濾清器。機油濾清器位於機油泵與引擎潤滑部位之間的主油道內。也就是說，機油泵輸送的全部機油在到達潤滑部位前都要通過該濾清器。因此潤滑部位獲得的是經過清潔的機油。 　濾清器旁通閥：為了在全流式機油濾清器已污染的情況下仍能確保為潤滑部位供油，在此與濾清器並聯安裝了一個濾清器旁通閥（短路閥）。因濾清器堵塞而導致機油壓力增大時就會開啟該閥門，從而確保（未經過過濾的）潤滑油到達潤滑部位處。	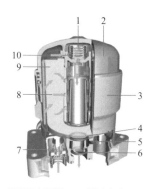 1—濾清器旁通閥；2—機油濾清器端蓋； 3—機油濾清器殼體；4，6—O形環； 5—用於更換濾清器的螺紋安裝蓋板； 7—止回閥；8—機油流； 9—機油濾清器；10—通過濾清器旁通閥的機油流

止回閥：用於防止機油濾清器或機油通道排空機油。在此使用的是單向閥。這些閥門只允許機油朝一個方向流動，防止機油朝相反方向流動。

如果沒有止回閥，在引擎靜止期間機油濾清器和機油通道就會排空機油。尤其在引擎長時間靜止後，只有引擎啟動一段時間後，才能為潤滑部位提供引擎油。

維修時必須注意，不能讓任何污物進入止回閥或機油通道，否則可能會造成洩漏。機油通道會因此排空機油，尤其在引擎長期停用的情況下會在啟動引擎後產生噪音，甚至會在啟動引擎後立即出現引擎運行較差的情況。

（2）機油壓力開關

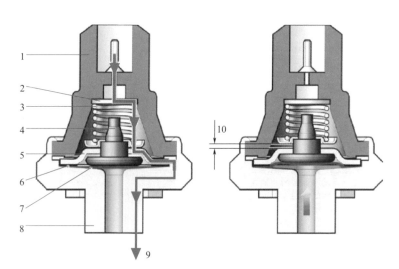

圖2-92　機油壓力開關

1—由塑料製成的殼體上元件；2—觸點頂端；3—彈簧；4—壓板；
5—隔板；6—密封環；7—膜片；8—由金屬製成的殼體；
9—觸點閉合時的電流；10—觸點打開時的間隙

圖解

如圖2-92所示，機油壓力開關用於監控潤滑系統。引擎處於靜止狀態且點火開關打開時，機油壓力警告燈通過機油壓力開關搭鐵，警告燈亮起。啟動引擎後，機油壓力使搭鐵觸點克服彈簧力打開，警告燈熄滅。

機油壓力降至某一限值以下時，彈簧力就會關閉觸點且機油壓力警告燈再次亮起。

如果在引擎運行期間機油壓力警告燈亮起，必須立即關閉引擎，否則可能造成引擎損壞。

（3）引擎油底殼

圖解

如圖2-93、圖2-94所示，引擎油底殼有用於機油泵供油的通道，因為機油泵現在通過細濾機油潤滑，同時合成了機油壓力調節閥用於特性曲線控制的機油泵。

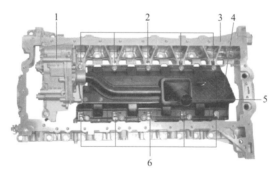

圖2-93　引擎油底殼（一）

1—機油泵；2—進氣側機油回流通道；3—底板；4—導流板；
5—帶有機油濾網的吸油管；6—排氣側機油回流通道

圖2-94　引擎油底殼（二）

 圖解

　　如圖2-95所示，油底殼放油螺栓處滲漏潤滑油，這種故障要視情況更換油底殼螺栓，如果油底殼上的螺紋損壞則直接更換油底殼。
　　如圖2-96所示，油底殼密封墊（俗稱油底殼墊片）密封性能失效導致滲漏潤滑油。這種故障要更換密封墊。

圖2-95　油底殼洩油螺栓滲漏

圖2-96　油底殼墊片滲漏

2.3.4　潤滑系統檢測與故障診斷

（1）機油壓力過低故障診斷（表 2-13）

表2-13　機油壓力過低故障診斷

狀態	診斷提示	步驟	執行診斷／檢查
機油壓力持續過低狀態	引擎無論在低速或高速、低溫或高溫情況下，機油壓力錶始終指示0.1MPa以下，並伴有機油壓力警告燈閃爍，這就是機油壓力過低。	1	抽出機油尺，看機油是否足夠，機油是否過稀。
		2	看機油壓力錶的感應塞是否失靈，將感應塞導線拆下直搭鐵線，此時若機油壓力錶恢復正常（或拆下感應塞，短暫啟動引擎時機油從油道噴出，壓力很足，手指按不住，說明感應塞損壞）。
		3	用一隻好的機油壓力錶替換試驗，若油壓正常，說明原機油壓力錶損壞
		4	檢查油管有無破裂，油壓調整閥有無卡滯，機油濾清器有無堵塞等（拆下機油感應塞或機油壓力開關，短暫啟動引擎，若從油道內噴出的油液中央有氣泡，則說明進油管路進氣）。
		5	檢查機油泵有無嚴重磨損。
機油壓力突然零壓狀態	引擎工作中，機油壓力錶指示由正常值突然降至零，並伴有機油壓力警告燈閃爍。	1	應檢查油底殼內有無機油，若無機油，說明機油管折斷、裂損或油底殼放油螺塞鬆脫，導致機油漏失。其次應檢查機油壓力錶及機油壓力開關是否損壞。
		2	檢查機油泵傳動軸，傳動銷是否折斷使機油泵停止工作。
		3	檢查機油濾清器是否被異物堵死，連桿軸承淨化油室螺栓是否鬆脫等，並及時排除。

續表

狀態	診斷提示	步驟	執行診斷／檢查
機油壓力隨引擎溫度升高而下降	引擎冷機時機油壓力正常，隨著機溫升高，機油壓力逐漸下降。其主要原因是油溫升高後機油黏度下降，洩漏損失增加。	1	達工作溫度時檢查機油是否變質、黏度是否過低，機油號數是否正確。
		2	檢查曲軸主軸承、連桿軸承、凸輪軸軸承間隙是否過大，使機油在引擎內部漏失程度大。
機油壓力隨引擎轉速升高而降低	引擎怠速運轉時，機油壓力錶指示正常；提高轉速後，油壓錶指示略升高，然後下降甚至趨於零；轉速降低後油壓錶指示又趨於正常。	1	重點檢查油底殼內有無遺留的布塊、紙片及絮狀雜物，因為引擎怠速運轉時，機油泵的吸力小，布塊、紙片等物沉於油底殼底部，供油正常；當引擎轉速提高後，機油泵的吸力增大，將布塊、紙片及絮狀雜物吸附在機油集濾器濾網上，使機油供給不暢，油壓下降。
		2	假如使用不合格塑料制的濾清器在達工作溫度時變軟，當引擎轉速提高後，濾芯中心的凸起部分被吸起，堵住了機油通道，使供油突然中斷，也會出現上述現象。

（2）機油壓力過高故障診斷（表 2-14）

表2-14　機油壓力過高故障診斷

狀態	診斷提示	步驟	執行診斷／檢查
機油壓力持續過高狀態	引擎機油壓力持續過高狀態。	1	先抽出機油尺，檢查機油黏度是否過高，觀察機油品質。
		2	如果機油正常，則檢查機油壓力錶和機油壓力感知器是否正常；如果感知器正常，則需檢查油路、油壓調整閥等。
		3	對於新裝配的引擎，若出現機油壓力過高，應重點檢查曲軸主軸承、連桿軸承、凸輪軸軸承的配合間隙。
機油壓力突然升高狀態	引擎中、高速運轉時，機油壓力錶指示由正常值突然升高，並超過油壓調整閥的限壓值0.5～0.6MPa，且引擎轉速降低後油壓仍不能迅速降至規定值。	1	檢查表後主油道是否堵塞。
		2	檢查油壓調整閥、止回閥是否卡死不能打開。
		3	檢查離心式（轉子式）機油細濾器噴孔是否堵塞，使機油全部由粗濾器進入主油道導致機油壓力升高。

（3）機油變質

> 機油變質的原因大多數是機油被污染、機油品質差、濾清器失效、機油溫度過高等。
>
> 機油被污染通常是油底殼中有水或汽油進入，可通過沉澱物和氣味判斷機油中是否有水或汽油。此外，曲軸箱通風不良，流入曲軸箱的廢氣、可燃混合氣也會污染機油。

①引擎的技術狀況　引擎技術狀況欠佳，將使機油劣化速度加快。如活塞、活塞環和汽缸壁磨損嚴重，將造成嚴重漏氣；油路調整不當或長期不良使用，會使燃料燃燒不完全；曲軸箱通風不暢和濾芯過髒，會導致外來污染增加；異常磨損會使金屬含量增加。

②工作條件苛刻，將使機油劣化速度加快　如引擎長時間在大負荷條件下工作，會使機油溫度過高而致深度氧化；而引擎啟動頻繁，時開時停，負荷過輕，會由於油溫太低而產生較多的低溫油泥沉積。車輛在不同道路和氣候環境條件下運行，對機油的劣化過程也有顯著的影響。

（4）潤滑系統交叉性故障診斷（表 2-15）

表2-15　潤滑系統交叉性故障診斷

故障表現	診斷程序	同步檢查
引擎機油消耗量過大。	①檢查引擎機油加注蓋、放油螺栓和機油濾清器是否鎖緊。 ②檢查機油是否洩漏。 ③檢查汽門導管是否磨損。 ④檢查閥密封件是否磨損。 ⑤檢查活塞環是否損壞或磨損。 ⑥檢查引擎內部零件（汽缸壁、活塞等）是否損壞或磨損。	目視檢查相關元件及機油油位。
點火開關置於「ON」位置時，低機油壓力警告燈沒有點亮。	①執行機油壓力警告燈電路故障排除。 ②測試機油壓力開關。	引擎控制單元（ECM）／動力系統控制單元（PCM）以及機油壓力開關之間線束斷路。

續表

故障表現	診斷程序	同步檢查
機油壓力警告燈保持點亮	①檢查引擎機油油位。 ②執行機油壓力警告燈電路故障排除（短路）。 ③測試機油壓力開關。 ④檢查引擎機油壓力。 ⑤檢查機油濾清器是否堵塞。 ⑥檢查機油濾網是否堵塞。 ⑦檢查油壓調整閥。 ⑧測試機油泵。	ECM／PCM和機油壓力開關之間的線束對搭鐵的短路。

引擎點火系統維修

2.4.1　點火系統基本結構原理

（1）功能

點火系統的功能就是在最適當的時間，在汽缸內產生電火花，點燃汽缸內的空氣燃油混合物。

點火系統都有三個主要功能：

①必須能夠生成具有足夠能量的電火花，該電火花具有足夠的熱量，能夠點燃燃燒室中的混合氣；

②能夠使該火花維持足夠長的時間，以保證燃燒室中的燃料燃燒；

③必須給每個汽缸都提供點火火花，以保證燃燒過程能在壓縮行程的適當時刻開始。

（2）分電盤點火系統

①分電盤具有下列功能：

　a. 按正確順序將高壓側線圈的高壓分配到各缸的火星塞上。

　b. 在適當時間斷開點火線圈低壓側電流。

　c. 根據引擎狀況（負荷、轉速等）控制點火正時。

分電盤點火系統基本結構示意 圖2-97。

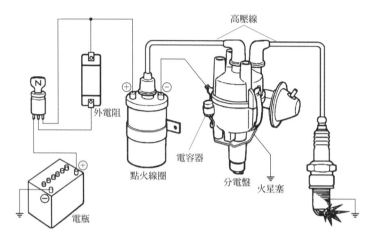

圖2-97 分電盤點火系統基本結構示意

 維修提示 分電盤由凸輪軸驅動，因此轉速只有引擎轉速的1/2。

②分電盤點火系統迴路

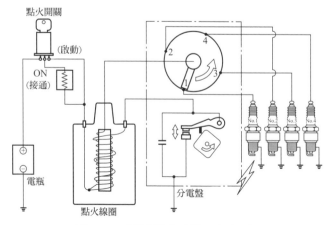

圖2-98 分電盤點火系統迴路（一）

圖解

　　如圖2-98所示，引擎啟動時，電傳遞路線。

　　低壓電路：電瓶→點火開關→點火線圈正極接線端→點火線圈負極接線端→分電盤的白金接點→搭鐵。分電盤凸輪旋轉，白金張開，低壓線圈的磁場強度減弱。

　　高壓電路：高壓線圈繞組裏感應產生高壓，並從線圈的中心接線端輸出→分電盤蓋→分火頭→分電盤蓋火星塞高壓線接線端→高壓線→火星塞→搭鐵。

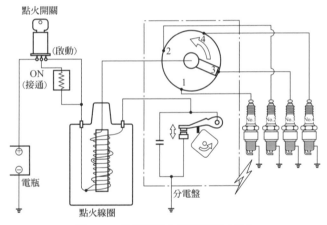

圖2-99　分電盤點火系統迴路（二）

圖解

　　如圖2-99所示，外電阻為正溫度係數之鎳鉻合金線，當引擎低速時，因為白金閉合長，外電阻溫度升高，電阻變大使低壓側電流變小，防止點火線圈發燙。

　　電瓶→點火開關→外電阻→點火線圈低壓側線圈正極接線端→點火線圈負極接線端→分電盤白金接觸點→搭鐵。

（3）電腦控制點火系統

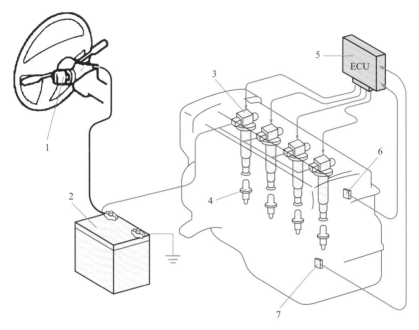

圖2-100　電腦控制點火系統

1—點火開關；2—電瓶；3—帶點火器的獨立點火線圈；4—火星塞；
5—引擎ECU；6—凸輪軸位置感知器；7—曲軸位置感知器

 圖解

　　如圖2-100所示，點火系統由電源（電瓶）、感知器、ECU、點火器、
點火線圈及火星塞等組成，點火系統在高電壓下產生火花，在最佳的正
時點燃在汽缸內的壓縮混合氣。根據所收到的由各個感知器發來的信
號，引擎ECU（電子控制單元）實施控制，達到最佳的點火正時。

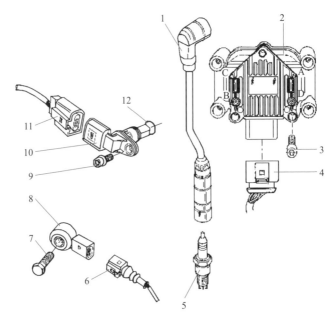

圖2-101　福斯汽車點火系統（舊車型）

1—高壓線；2—點火線圈（帶有高壓線的標識：A—汽缸1，B—汽缸2，C—汽缸3，
D—汽缸4）；3，9—螺栓（10N·m）；4，6，11—連接插頭；5—火星塞；
7—螺栓（20N·m）；8—爆震感知器；10—霍爾元件（G40）；12—O形環

 圖解

　　如圖2-101所示，每個點火線圈有兩個高壓輸出端，可直接驅動兩個火星塞同時點火，點火線圈連接的兩個火星塞裝在同一相對位置的兩個汽缸上。當其中的一個汽缸處於正常點火位置時，另一汽缸則處於排氣行程的終了階段，此時汽缸內壓力較低，火星塞處的氣體密度較小，僅需數千伏的電壓就能擊穿放電。因此，雖然兩個火星塞同時點火，但大部分點火能量釋放給主點火的汽缸，僅有很少的能量損失在第二個火星塞上，而這部分能量可從無分配電損失中得到彌補。

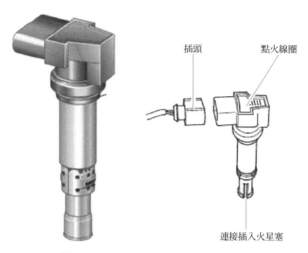

插頭   點火線圈

連接插入火星塞

圖2-102　獨立點火系統（點火線圈）

 圖解

　獨立點火系統：如圖2-102所示，每個點火線圈直接安裝在火星塞上，也就是說，一個汽缸有一個獨立的點火線圈。現在使用獨立點火系統的車輛非常多，大多車系基本都使用這種點火系統。

2.4.2　電子點火系統診斷與維修

（1）點火模組故障測試

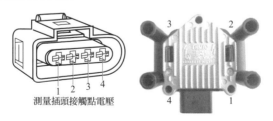

測量插頭接觸點電壓

圖2-103　點火模組（線圈）電壓測量

圖2-104　點火模組插

圖解

如圖2-103、圖2-104所示，診斷檢測電源電壓。

①從點火線圈上拔下4孔插頭，接通點火開關，用三用電錶及輔助導線測量插頭上觸點2和4之間的電壓，其值至少應為11.5V。

②如果插頭觸點2和4之間沒有電壓，則測量插頭觸點4的搭鐵電阻，其導線電阻最大為1.5Ω，若電阻為無窮大，則說明插頭觸點4與車身間有斷路點；測量插頭觸點2與中央繼電器盒之間的導線有無斷路點，導線電阻最大值為1.5Ω。

圖2-105　點火模組（線圈）電阻測量

圖解

圖2-105所示為診斷檢測高壓側電阻。

在點火線圈連接器上檢查1缸和4缸、2缸和3缸的高壓側電阻，其值都
應在4.0～6.0kΩ之間。如果未達到上述規定值，更換點火線圈。

（2）火星塞

火星塞的功能是利用高壓電，擊穿汽缸內高壓的可燃混合氣，從而點燃
引擎汽缸內的可燃混合氣。

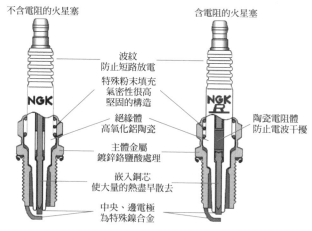

圖2-106　火星塞（一）

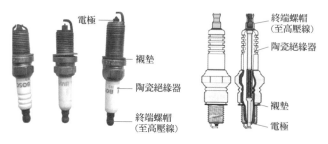

圖2-107　火星塞（二）

圖解

　　如圖2-106、圖2-107所示，火星塞的間隙是指中央電極和邊電極的距離，為保證點火線圈的能量釋放，對火星塞的間隙有嚴格要求。為保證各缸點火能量的一致性，各缸火星塞間隙應一致。

　　火星塞的類型有很多種，按材料分類有普通火星塞、鈦金火星塞和白金火星塞，按電極分類有單極火星塞、雙極火星塞和多極火星塞。還有火星塞的電極插入V形切口，其作用是提高點火性能和降低系統所要求的電壓。有的引擎為減少點火時釋放出的無線電干擾電波和保護點火圈點火器，使用電阻型火星塞。

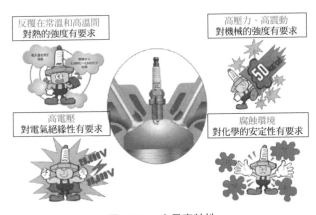

圖2-108　火星塞特性

圖解

　　如圖2-108所示，火星塞的工作環境惡劣，要求火星塞能反覆承受常溫和2000～2500℃的溫度變化，能承受特別強的爆發壓力，要耐衝擊；能承受2000～3000V的高電壓；能承受汽油及燃燒氣體而產生的化學腐蝕

環境，要有較好的安全性。合格的火星塞不僅滿足以上要求，還要有一定的機械強度、著火性、熱值、放電性能，火星塞的電極要耐氧化。火星塞的電極用久了會有一種自然的消耗。

　　火星塞的檢查和清潔：在拆下火星塞檢查和清潔之前就可以測量火星塞的絕緣電阻，用三用電錶測量火星塞的兩極（火星塞最高位置和火星塞搭鐵位置）的電阻。電阻應該在幾千歐姆以上。

　　檢查有無燒壞的電極或損壞的絕緣體，檢查燒痕是否均勻，檢查陶瓷絕緣柱上是否有裂紋，墊圈是否損壞，電極是否磨損或變形，是否有油污、積碳，中心電極絕緣柱上是否有裂紋。

　　通過觀察火星塞有時可以發現引擎的故障。火星塞燻黑的原因可能是混合氣太濃，火星塞內部損壞。

引擎燃油控制系統維修

2.5.1　燃油控制系統基本結構原理

（1）引擎電控系統概要

　　引擎電控系統，又稱引擎管理系統（EMS，engine managem-ent system）、引擎集中控制系統，就是將多項目控制集中在一個動力控制模組（PCM，power control module）或引擎電腦（ECU，engine control unit）上完成，共用感知器。其主要組成可分為信號輸入裝置、電子控制單元（ECU）和執行元件三部分。

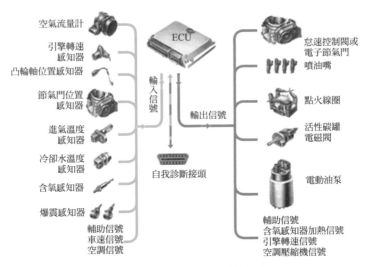

空氣流量計

引擎轉速
感知器

凸輪軸位置感知器

節氣門位置
感知器

進氣溫度
感知器

冷卻水溫度
感知器

含氧感知器

爆震感知器

ECU

輸入信號

輸出信號

自我診斷接頭

怠速控制閥或
電子節氣門

噴油嘴

點火線圈

活性碳罐
電磁閥

電動油泵

輔助信號
車速信號
空調信號

輔助信號
含氧感知器加熱信號
引擎轉速信號
空調壓縮機信號

圖2-109　引擎電控系統組成

圖解

　　圖2-109所示為引擎電控系統組成。

①信號輸入裝置　各種感知器，用於收集控制系統所需的信息，並將其轉換成電位信號通過線路輸送給ECU。

　　常用的感知器有空氣流量計、進氣歧管絕對壓力感知器、節氣門位置感知器、凸輪軸位置感知器、曲軸位置感知器、進氣溫度感知器、冷卻水溫感知器、車速感知器、爆震感知器、啟動訊號、空調壓力開關、檔位開關、煞車燈開關等。

②電子控制單；電腦（ECU）　給感知器提供參考電壓，接受感知器或其他裝置輸入的電位信號，並對所接收的信號進行存儲、計算和分析處理，根據計算和分析的結果向作動元件發出指令。

③作動元件　受ECU控制，具體執行某項控制功能的裝置。

　　常用的作動元件有噴油嘴、點火線圈、怠速控制閥、EGR閥、活性碳罐電磁閥、燃油泵、怠速控制閥、電子節氣門、二次空氣噴射閥及儀表顯示器等。

（2）閉迴路控制

燃油控制系統（閉迴路控制）見圖2-110、圖2-111。

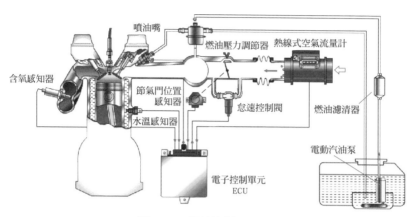

圖2-110　燃油控制系統（一）

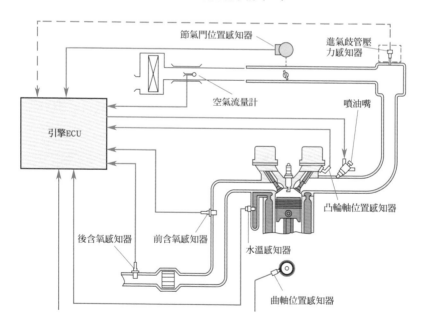

圖2-111　燃油控制系統（二）

如圖2-110、圖2-111所示，在系統中，引擎排氣管上加裝了含氧感知器，根據排氣中含氧量的變化，判斷實際進入汽缸的混合氣空燃比，再通過電腦與設定的目標空燃比進行比較，並根據誤差修正噴油量，空燃比控制精度較高。目前車輛均採用這種控制方式，也叫迴饋控制。在開迴路的基礎上，它對控制結果進行檢測，並迴饋給ECU，進行原先的控制修正。在運行過程中控制系統不斷進行測試和調整，使實際空燃比保持在最佳值附近，達到最佳控制的目的。

維修提示　　開迴路控制表示含氧感知器不參與燃油控制，因此在開迴路控制時不考慮含氧感知器的信號。
　　閉迴路控制表示在燃油控制中使用含氧感知器的信號，含氧感知器的電壓信號用作迴饋信號。

①排氣的溫度使含氧感知器足夠熱時，能夠提供正確的電壓信號，電腦將進入閉迴路控制模式。在閉迴路控制中，電腦使用含氧感知器控制空燃比。

維修提示　　各製造廠家閉迴路控制時機的選擇策略各有不同。有些系統根據含氧感知器信號、節氣門開度信號（TPS）、歧管絕對壓力感知器信號（MAP）或者空氣流量計（MAF）信號。

②有些系統利用一個時間計數器來判斷，在引擎運行一段時間後進入閉迴路控制，所經歷的時間長度和引擎啟動時冷卻水的溫度感知器（ECT）信號有關。

③個別系統只有在冷卻水溫度接近79.4℃或者更高，並且含氧感知器的信號也正確時才能進入閉迴路控制。

維修提示

ECT感知器信號是非常重要的，因為它確定引擎的控制是開迴路還是閉迴路狀態。

例如，如果引擎的節溫器出現了故障，冷卻水的溫度總是達不到79.4℃，引擎電腦就總是不能進入閉迴路狀態。在開迴路狀態下，空燃比一直是濃的狀態，降低了燃油經濟性，增加了排放。有些系統當長時間處於怠速狀態時，由於含氧感知器溫度降低，因此又返回到開迴路控制狀態。同樣，大部分系統在節氣門全開或者在節氣門接近全開時，提供濃混合氣。

④為了使電腦在怠速時處於閉迴路控制狀態，使含氧感知器盡快熱起來，大部分含氧感知器（加熱型含氧感知器）使用電加熱系統。當點火開關處於ON位置時，給含氧感知器的加熱器提供電瓶電壓。加熱器是正溫度系數（PTC）電阻，工作中可以調整電流的大小。如果含氧感知器是熱的，PTC電阻值增加，減少流過加熱器的電阻。

⚠ 小提醒：

電腦空燃比控制策略：在EFI系統中，電腦必須知道進入燃燒室中的空氣的流量（品質），以便確定維持理論空燃比所需要的燃油量。因為進入燃燒室中的空氣流量是不斷變化的，需要使用快速即時響應系統。電腦使用含氧感知器測量排氣中的氧氣含量。它能夠提供有關電腦控制的實際空燃比的信息，電腦將空燃比盡可能精確地維持在14.7：1附近。

噴油嘴通電脈波寬度確定噴入燃燒室中的燃油量，在大部分閉迴路控制情況下，電腦能提供合適的噴油脈波寬度維持正確的空燃比。例如，在怠速時的噴油脈寬是2ms，而在節氣門部分開度時，維持理論空燃比的噴油脈寬是7ms。製造廠有三種計量理論空燃比的方法：體積流量法、品質流量法和速度密度法。無論使用哪種方法，為了控制合適的噴油脈寬，電腦都必須知道吸入引擎的空氣量。

（3）燃油噴射控制

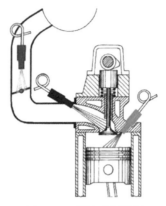

圖2-112　燃油噴射控制

 圖解

　　如圖2-112所示，汽油噴射，在正確壓力下，用噴油嘴把適當的汽油噴入節氣門體處的進氣管，或者進氣道，或者直接噴入汽缸。

圖2-113　缸內直噴

圖解

　　如圖2-113所示，由於技術的進步現在很多車型也採用缸內直接噴射技術，該技術目前被廣泛應用。

2.5.2　燃油控制系統維修

（1）燃油流動供給

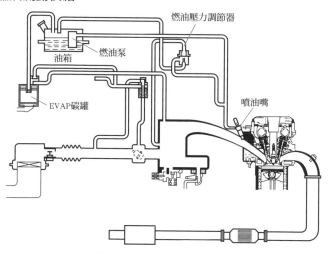

圖2-114　燃油流動供給示意

圖解

　　如圖2-114所示，燃油泵內置在油箱中，燃油在燃油泵的壓力作用下輸出。燃油泵配備有脈動緩衝器，以防送油過程中的燃油波動，燃油泵輸出的燃油通過燃油管路、燃油濾清器和燃油通道進入各個噴油嘴，燃油通道中的燃油壓力調節器用於將供油壓力與歧管真空的壓差調節到定值。

①燃油供給基本電路控制　當點火開關置於「ON」位置時，引擎控制模組(ECM)使燃油泵繼電器通電。除非引擎控制模組檢測到點火參考脈衝，否則在2秒內，引擎控制模組將使燃油泵繼電器斷電。只要檢測到點火參考脈衝，引擎控制模組將使燃油泵繼電器繼續通電。如果檢測到點火參考脈衝中斷且點火開關保持在「ON」位置，引擎控制模組將在2秒內使燃油泵繼電器斷電。

②無回油管路燃油供給基本控制　燃油系統採用無迴路請求式設計。燃油壓力調節器是燃油泵模組的一部分，這樣就不需要來自引擎的回油管。無迴油管燃油系統不使熱燃油從引擎返回至燃油箱，以降低燃油箱的內部溫度。燃油箱內部溫度降低會使油氣蒸發排放較低。

　　燃油箱儲存燃油。渦輪葉片式燃油泵連接至燃油箱內的燃油泵模組。燃油泵通過燃油濾清器和燃油供油管路向噴射系統提供壓力燃油。燃油泵提供的燃油流量超過了燃油噴射系統的需求。燃油泵也同時為燃油泵模組底部提供燃油，使整罐燃油泵模組充滿汽油。燃油壓力調節器為燃油泵模組的一部分，為燃油噴射系統保持正確的燃油壓力。燃油泵模組包括一個單向閥。單向閥和燃油壓力調節器保持供油管和燃油分配管內的燃油壓力，以防止啟動時間過長。

（2）燃油箱

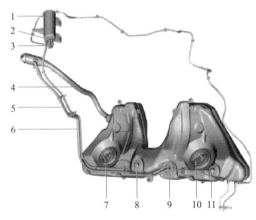

圖2-115　燃油箱

1—活性碳罐過濾器；2—油蒸汽管路接頭；3—濾網；4—燃油注入管；5—通氣管；6—加油排氣管；7，10—維護開口；8，11—通氣管排氣閥；9—加油排氣閥

圖解

　　如圖2-115所示，結構特殊的燃油箱管路結構設計多數是為了使油箱內正確存在空氣，燃油箱為了車體設計做成了不規則的形狀。這種不規則的形狀容易使燃油泵在大角度轉彎或緊急煞車時吸入空氣，因為在燃油箱沒有裝滿的情況下，燃油箱裡的汽油有可能晃到燃油箱的一個角上。如果汽油泵吸入空氣就容易使混合氣濃度變稀，這樣引擎容易熄火致使煞車與轉向失控。

（3）燃油管
①燃油管的快速接頭

圖2-116　燃油管的快速接頭

 圖解

　　如圖2-116所示，燃油管快速接頭不耐熱，當組裝或拆下燃油管快速接頭時，要小心不得過度彎曲或扭曲。

②燃油軟管

燃油管的軟管有裂紋

圖2-117　燃油軟管

 圖解　

　　如圖2-117所示，檢查燃油軟管表面是否有熱損壞和機械磨損，如硬脆、裂化、裂縫、切口、磨損和過分的膨脹等，如果軟管有上述現象及套中的纖維層由於破裂或磨損而暴露在燃油系統中，應更換軟管。

　　例如，圖2-117所示接入燃油分配器的進油軟管有裂紋，必須更換新的軟管。燃油軟管裝配要使用一次性束環。

（4）燃油泵（汽油泵）

①燃油泵結構和控制　現代車輛使用調節式燃油泵，該燃油泵根據引擎轉速提供規定燃油量。

　　轎車只使用電控燃油泵。燃油泵的設計要求是能夠輸送引擎所需的最大燃油量，即在額定轉速下達到滿負荷時，燃油泵必須以特定壓力輸送規定燃油量。就是說在引擎怠速運轉和部分負荷時，燃油泵會輸送高於所需燃油量數倍的燃油。

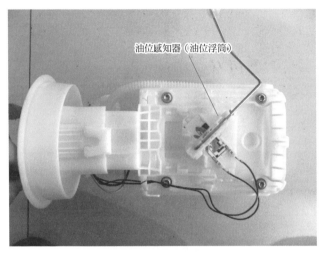

油位感知器（油位浮筒）

圖2-118　汽油泵總成

 圖解

　　如圖2-118所示，燃油泵通常安裝在燃油箱內，因此又稱為內置沉浸式燃油泵。在此處可對燃油泵進行有效防腐並有效消除泵噪音。

　　a. 渦輪葉片式。特點是燃油輸出脈動小，其結構非常簡單，當葉輪與電動機一起轉動時，由於轉子的外圓有很多齒槽，在其前後利用摩擦而產生壓力差，電樞轉動則泵內產生渦流而使油壓上升，燃油由油泵輸出。

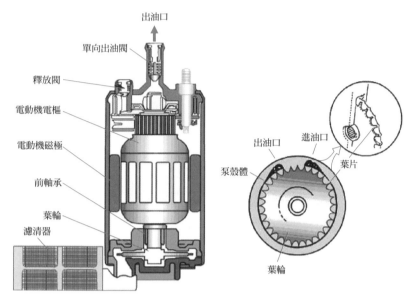

圖2-119　渦輪葉片式汽油泵

 圖解

　　如圖2-119所示，渦輪葉片式汽油泵由於使用薄型葉輪，所需扭力較小，可靠性高。此外由於不需消音器，故可小型化，因此這種燃油泵被廣泛用於多種車型上。

　　該型式汽油泵為12V直流電。殼體內裝有正負極電極電刷。

　　該型式汽油泵最大油泵壓力達到600kPa，當壓力達到400～600kPa時，釋放閥打開，高壓燃油直接流回油箱，釋放閥可以防止燃油壓力升高以保護電動機。

b. 滾柱式。該型式油泵由殼體、圓柱形滾柱和轉子等組成。

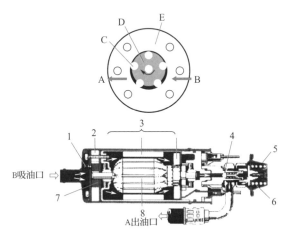

圖2-120 滾柱式汽油泵

1─釋壓閥；2─泵隔圈；3─電動機；4─單向閥；5─消音穩壓器；6─膜片室；
7─轉子；8─電樞；A─出油口；B─吸油口；C─滾柱；D─轉子；E─泵隔圈

圖解

　　圖2-120所示為滾柱式汽油泵，滾柱在轉子的槽內可徑向滑動，轉子與殼體存在一定的偏心。

　　轉子在直流電動機的驅動下旋轉，在離心力的作用下，滾柱緊壓在泵體的內圓表面上，形成五個相對獨立的密封室。旋轉時，每個密封室的容積不斷發生變化，在吸油口時，容積增大，形成一定的真空，將經過過濾的汽油吸入泵內。在出油口處，容積變小，壓力升高，汽油穿過直流電動機推開單向閥輸出。

　　當輸油管路發生堵塞或汽油濾清器堵塞時，汽油壓力超過規定值，釋壓閥打開，汽油流回吸油側。

　　引擎熄火後，單向閥關閉，避免輸油管路中的汽油倒流，保持油路中有一定的殘餘壓力，以便於引擎再啟動。

②燃油泵總成分解組合　燃油泵總成分解組合見表2-16、圖2-121。

表2-16　燃油泵總成分解組合

圖示	圖解	
	元件	說明
1	燃油泵繼電器	接受ECU訊號，並控制燃油泵。
2	線束插頭（連接燃油泵控制繼電器）	用於連接燃油泵控制繼電器。
3	燃油管路	傳輸燃油，連接燃油泵與汽油濾清器或輸油管（油軌）。
4	線束插頭（連接燃油泵）	連接燃油泵電源及油位感知器訊號線。
5	密封固定卡環	固定燃油泵總成，其與油箱燃油泵入口緊密固定。
6	密封環	與燃油供給單元總成座緊密配合在燃油箱油泵入口，起到密封作用，防止油箱燃油洩漏。
7	燃油供給單元	內裝有電動燃油泵（還有燃油濾清器），支撐電動燃油泵將油箱內的燃油抽出。
8	油位感知器	一般情況下就是一個滑動變阻器，阻值由一個浮筒控制，隨著油量的多少，電阻值也就會變化，在加載電壓固定的條件下，輸出電流變化，電流值反映到汽車儀表上，按照一定的比例轉換為汽油油量。

圖2-121　電動燃油泵分解

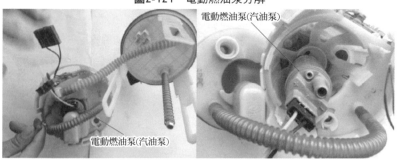

電動燃油泵(汽油泵)

電動燃油泵(汽油泵)

③燃油泵測試與故障診斷 福斯汽車燃油泵控制電路見圖2-122。

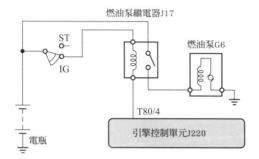

圖2-122 燃油泵控制電路

 圖解

如圖2-122所示,打開點火開關後,引擎控制單元J220的端子T80/4低電位,燃油泵繼電器J17白金接點閉合,由電瓶直接向燃油泵G6供電,燃油泵工作。

燃油泵檢測見表2-17。

表2-17 燃油泵檢測

圖示	圖解
	已安裝的油位感知器。測量電阻,將三用電錶接在觸點2和3之間。測量值為0時說明短路,測量值為∞時說明斷路。
	感知器到底 / 感知器到頂
	約65Ω / 約275Ω
	燃油油位感知器拆下後,將浮筒偏移,將測得下列電阻值。
	感知器到底 / 感知器到頂
	約45Ω / 約295Ω

續表

圖示	圖解
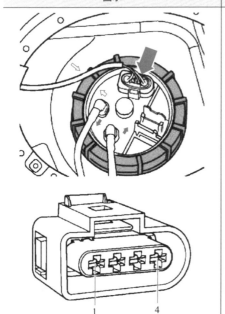	**檢測條件** 　電瓶電壓至少12.7V。 　相關保險絲正常。 　位於駕駛側雜物箱後方的繼電器座插口1上的燃油泵繼電器正常。 　燃油濾清器正常。 　點火開關已關閉。 **檢測程序** 　將三用電錶接在觸點1和4之間以測量電壓。 　使鑰匙開關ON。 　規定值：約為電瓶電壓。 　雖然達到了規定值，但卻沒聽到泵油運轉時發出的噪音。 　拆下燃油泵供油單元，檢測相對應點1和4之間線路電阻，如果線路沒有故障，則更換燃油泵。

 圖解

圖2-123所示為燃油泵診斷電路。

①當點火開關撥到「ON」位置時，PCM啟動燃油泵接通繼電器1s，然後斷開。

②當檢測到NE信號在曲軸轉動期間升高時，燃油泵繼電器接通。

③當引擎停止時，燃油泵繼電器斷開。

　當收到停止安全系統發出的引擎停止要求信號時，PCM強行停止燃油噴射器控制。這樣，引擎就不能啟動。

接收到停止引擎運轉的請求信號　　　　　　未接收到停止引擎運轉的請求信號

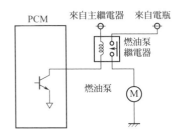
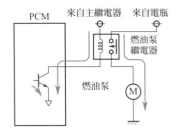

圖2-123　燃油泵診斷電路

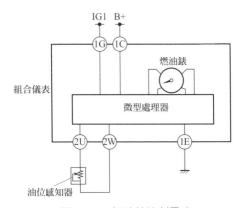

圖2-124　燃油錶控制電路

圖解

圖2-124所示為燃油錶控制電路。
①燃油油位信號從油位感知器輸出至儀表板的微處理器。微處理器控制可減小轉彎或在斜坡上行駛時的油位波動而造成的燃油錶變化。
②油位的電阻值變化從油位感知器發送至微處理器。微處理器在指定的時間內計算出平均電阻值，然後根據計算出的值向燃油錶發送輸出信號。

維修舉例：燃油泵不工作 🔧

故障現象：

汽車發不動（以福斯車系為例）。

故障分析：

該車用的是AFE電控汽油噴射引擎，其燃油泵為電動汽油泵，裝在油箱內。該油泵由電動機和滾柱式油泵組成，電動汽油泵的工作受控於其繼電器ECU。

診斷及檢測步驟：

①電動汽油泵電阻值的檢測。拔下電動汽油泵導線連接器的插頭，用三用電錶測量電動汽油泵電阻值應為2～7Ω（此值與溫度有關）。若所測阻值遠小於2Ω則說明電動汽油泵電動機線圈短路；若阻值稍大於7Ω則為電動機電刷接觸不良；若所測阻值為無窮大則說明電動機電樞線圈斷路。

②電動汽油泵供電電壓的檢測。拔下電動汽油泵導線連接器的插頭，將點火開關置於「ON」，測量導線連接器插頭上黑色線對應端子與搭鐵之間的電壓，應有12V，若無電壓則應檢查前端保險絲是否熔斷。

③電動汽油泵繼電器的檢測。從中央線路板上拔下2號繼電器（即電動汽油泵繼電器），給其「85」、「86」兩端加12V電壓，若能聽到白金接點閉合聲，則表明電動汽油泵繼電器良好，否則應更換。

④電動汽油泵泵油量的檢測。將點火開關置於「OFF」，拆掉汽油濾清器接口，短路電動汽油泵繼電器「30」、「87」端，觀察泵油量及泵油壓力，該種電動汽油泵的泵油量為550～650mL/30s，泵油壓力為330～350kPa。

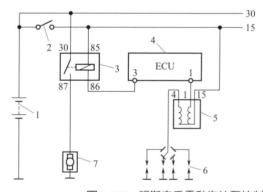

1—電瓶；2—點火開關；3—油泵繼電器；4—引擎控制單元ECU；5—發火線圈；6—火星塞；7—電動汽油泵G6

圖2-125　福斯車系電動汽油泵控制電路

圖解

如圖2-125所示，電動汽油泵的工作過程如下：

①當點火開關置於「ON」，未啟動引擎時，由於ECU沒有檢測到引擎轉速信號，所以只控制電動汽油泵繼電器線圈通電3～5秒，這時電動汽油泵繼電器白金接點閉合，油泵工作3～5秒，以保證油路中有較充足的燃油壓力。

②當啟動引擎時，ECU從點火線圈一次側末端檢測到引擎轉速信號，於是將ECU的「3」端子變成低電位（搭鐵），也就是使電動汽油泵繼電器線圈「86」端搭鐵，電動汽油泵正常供油。

③引擎熄火時，點火開關置於「OFF」，電動汽油泵繼電器「85」端斷電，電動汽油泵停止轉動不再泵油。

＜　故障排除：

更換燃油泵。

＜　故障總結：

該電動汽油泵裝在油箱內，工作時滾柱式油泵泵出的汽油從電動機內部間隙中流出，並對電動機具有冷卻作用。使用時當油箱油平面降低為1/3時應及時添加燃油，防止油平面過低造成電動汽油泵電動機過熱而損壞。

（5）燃油槽罐

在燃油槽罐內裝有電動燃油泵（EKP）和一個引流泵。

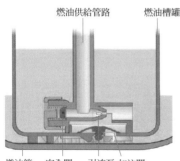
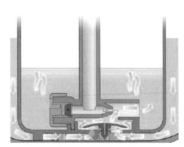

燃油供給管路　　燃油槽罐

燃油箱　安全閥　引流泵 加注閥　　　　加注閥的功能

圖2-126　燃油槽罐示意

燃油槽罐體

圖2-127　燃油槽實物圖

圖解

　　如圖2-126所示，燃油槽罐上部為敞開式。這樣可以確保燃油泵始終浸在燃油內，從而避免燃油泵吸入空氣。尤其在燃油油位較低和行駛動力性較高時，燃油槽罐可確保輸送的燃油不會產生氣泡。

　　加注閥：在燃油槽底部裝有一個加注閥。它的任務是在進行加油以及燃油槽罐排空時確保燃油先流入燃油槽罐內。同時還能防止燃油回流到燃油箱內。燃油槽罐實物圖見圖2-127。

（6）燃油濾清器

　　燃油濾清器的任務是濾清燃油中的雜質和水分，防止燃油系統堵塞，減小機件磨損，保證引擎正常工作。

圖2-128　內置式燃油濾清器

圖2-129　外置式燃油濾清器

 圖解

　　如圖2-128、圖2-129所示，燃油濾清器分為內置式和外置式。內置式燃油濾清器內置於燃油泵總成中。外置式直接串聯在外置的油管路中。圖2-129所示外置式燃油濾清器中箭頭方向為燃油流向，請不要裝反。

　　內置式燃油泵裝配見圖2-130。

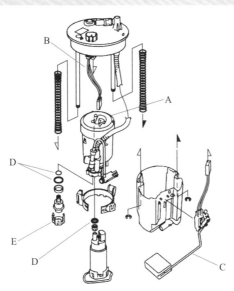

圖2-130　內置式燃油泵裝配

A一燃油濾清器組件；B一連接線束；C一油位感知器；D一O形密封圈；E一托架

　　燃油濾清器一般採用紙質濾芯，每行駛15000km應更換一次，安裝時應注意燃油流動方向的箭頭，不能裝反。

　　判斷燃油濾清器是否堵塞方法：

①在燃油濾清器兩端油管上測量管路的壓力，有壓力差說明燃油濾清器有堵塞。

②目視判斷燃油濾清器，拆下燃油濾清器出油端口如果燃油比較髒，說明濾清器該更換。

　　燃油濾清器導致的故障見圖2-131、圖2-132。

圖2-131　鋸開燃油濾清器，內部燃油濾芯堵塞

圖2-132　燃油濾清器內過濾特性紙被堵塞

圖解

　　如圖2-131、圖2-132所示，產生燃油濾清器堵塞的主要原因是使用了劣質汽油或者劣質燃油濾清器而引起的。劣質汽油中的石蠟和膠質，將會在短期內造成燃油濾清器堵塞，導致引擎燃油系統發生故障。

　　例如車輛加速不良、啟動困難甚至就因為供油不足導致的。

排除故障可採取以下措施。

①更換燃油濾清器（圖2-133、圖2-134）。

②拆下並清洗燃油箱總成。

③用專用燃油清洗劑清洗整個燃油系統。

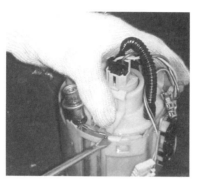

圖2-133　拆卸舊的燃油濾清器

圖2-134　更換新的燃油濾清器

圖2-135　安裝時注意箭頭安裝標記

圖解

　　如圖2-135所示，拆卸內置式燃油濾清器時，一定要注意燃油濾清器總成或燃油泵總成的安裝位置，拆卸和安裝時位置一致。見圖中A處，有箭頭指示。

維修提示

　　①在炎熱的夏天裡，燃油蒸氣相對增加，燃油系統內部燃油壓力相對減小，燃油濾清器堵塞後供油及其不足。在夏季諸如上述案例中轎車燃油濾清器最好10000～15000km更換一次，使用符合規範的燃油，這樣能保證車輛在炎熱的夏季行駛性能。
　　②在拆卸燃油濾清器時，要注意燃油濾清器表面及相關拆卸元件的塵土，一定要清潔乾淨後再進行拆卸，這樣能保證不污染燃油濾清器，以免雜質進入燃油系統。

（7）燃油壓力調節器

燃油壓力調節器

圖2-136　燃油壓力調節器（在分油管；油軌的位置）

圖2-137　燃油壓力調節器

圖解

　　如圖2-136、圖2-137所示，壓力調節器一般裝在分油管（油軌；輸油管）的出口處。調節燃油壓力，根據進氣歧管壓力的變化來調節進入噴油嘴的供油壓力，使輸油管內燃油壓力與進氣管內氣體壓力的差值保持恆定。從而，使噴油嘴噴出來的燃油量只取決於噴油嘴的開啟時間。多點噴射系統噴油壓力應為250～400kPa，單點噴射系統噴油壓力為100kPa。

故障產生位置
（調節器故障）

圖2-138　燃油調節器故障位置

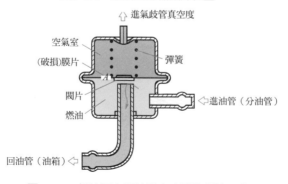

⇧ 進氣歧管真空度

空氣室
（破損）膜片
閥片
燃油
彈簧
⇦進油管（分油管）
回油管（油箱）⇦

圖2-139　燃油壓力調節器真空膜片損壞示意

圖解

　　如圖2-138、圖2-139所示，燃油壓力調節器的真空膜片損壞，汽油從此裂縫中滲出，然後通過真空管進入進氣道，使進氣道中形成過濃的混合氣，導致熱車不好啟動。

（8）噴油嘴

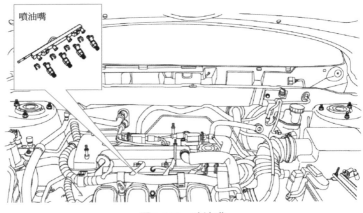

圖2-140　噴油嘴

圖解

　　如圖2-140所示，噴油嘴是電控燃油噴射系統中一個重要的作動器，在ECU的控制下，將汽油呈霧狀噴入進氣歧管內。噴油嘴安裝在進氣歧管上。

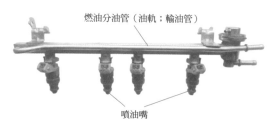

燃油分油管（油軌；輸油管）

A

噴油嘴

圖2-141 噴油嘴在燃油分油管上

圖2-142 油針式噴油嘴

圖解

如圖2-141、圖2-142所示，噴油嘴內部有一個電磁線圈，經線束與電腦連接。噴油嘴頭部的針閥與吸鐵柱塞連接為一體。當電磁線圈通電時，便產生吸力，將吸鐵柱塞和針閥吸起，打開噴孔，燃油經針閥頭部的軸針與噴孔之間的環形間隙高速噴出，並被粉碎成霧狀。電磁線圈不通電時，磁力消失，彈簧將吸鐵柱塞和針閥下壓，關閉噴孔，停止噴油。

一般噴油嘴針閥升程約為0.1mm，噴油時間持續在2～10ms範圍內。

①噴油嘴電壓控制　電壓控制是指ECU驅動噴油嘴噴油電脈衝的電壓是恆定的。

這種噴油嘴又可分為高電阻型和低電阻型兩種。低電阻型噴油嘴是用5～6V的電壓驅動，其電磁線圈的電阻較小，為3～4Ω，不能直接和12V電源連接，否則，會燒壞電磁線圈，因此需串聯減壓電阻。高電阻抗型噴油嘴是用12V電壓驅動，其電磁線圈電阻較大，為12～16Ω，在檢修時，可直接和12V電源連接。高電阻噴油嘴由於電流小，對ECU推動噴油嘴的電路設計要求低，使用可靠，現代車型被廣泛應用。

②噴油嘴電流驅動　在電流驅動迴路中無附加電阻，低電阻噴油嘴直接與電瓶連接，通過ECU中的電晶體對流過噴油嘴電磁線圈的電流進行控制。電流驅動脈衝開始時是一個較大的電流，使電磁線圈產生較大的吸力，以打開針閥，然後再用較小的電流維持針閥的開啟（採用該驅動的方式比較少）。

③噴油嘴裝配

 圖解

圖2-143所示為噴油嘴裝配。

①卸去燃油壓力。

②拆下燃油管蓋A。

③將接頭B從噴油嘴、MAP感知器、搖臂機油控制電磁閥上斷開。

④斷開快速接頭C。

⑤將燃油分油管安裝螺帽D從燃油分油管E上拆下。

⑥將燃油分油管和噴油嘴從汽缸蓋F上拆下。

⑦將噴油嘴卡扣G從燃油分油管上拆下。

⑧將噴油嘴從燃油分油管上拆下。

⑨用清潔的引擎機油塗抹新的O形環，並將噴油嘴插入燃油分油管。

⑩安裝噴油嘴卡扣。

⑪用乾淨的引擎機油塗抹噴油嘴O形環。

⑫將燃油分油管和噴油嘴安裝至汽缸蓋F。

⑬安裝燃油分油管安裝螺帽。

⑭連接噴油嘴接頭、MAP感知器接頭和搖臂機油控制電磁閥接頭。

⑮連接快速接頭。

⑯將點火開關轉至「ON」位置，但不要起動引擎。燃油泵運轉2秒之後，燃油分油管被加壓。重複該步驟兩或三次，然後檢查燃油是否洩漏。

⑰安裝燃油管蓋。

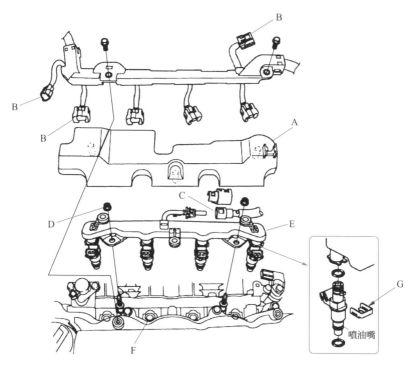

圖2-143　噴油嘴組裝

④噴油嘴故障（表2-18、表2-19）

表2-18　噴油嘴機械故障

症狀	故障表現	故障原因	排除方法和措施
噴油嘴發生黏滯	故障發生後，引擎出現怠速不穩、啟動困難、加速性能變差等症狀。	產生噴油嘴黏滯的主要原因是使用了劣質汽油。劣質汽油中的石蠟和膠質，將會短期內引起噴油嘴黏滯，造成引擎早期故障發生。	1.分析思路　　該故障是在引擎ECU發出噴油信號，噴油嘴的電磁線圈通電後產生磁吸力，由於針閥與閥座的間隙被殘存的黏膠物阻塞，致使吸動柱塞升起的動作黏滯，達不到規定的針閥開啟速度，影響正常的噴油量。
噴油嘴堵塞	引擎啟動困難、運轉不穩、怠速不良、加速性能變差，甚至造成引擎抖動。	外部堵塞原因是噴油嘴外部的噴射口被積碳和污物堵塞，造成噴油嘴噴射工作失效。	

151

症狀	故障表現	故障原因	排除方法和措施
噴油嘴洩漏	引擎運轉不平穩，混合氣燃燒不完全，排氣冒黑煙。	①尤其是當噴油嘴發生內部洩漏後，引擎耗油量明顯增加，而且引擎動力性變差，排氣HC值增高。另外，由於噴油嘴內部洩漏造成噴射霧化不好，引起引擎運轉不平穩，混合氣燃燒不完全，排氣冒黑煙。 ②內部洩漏的原因是噴油嘴針閥與閥座磨損，造成噴油嘴在壓力油路的施壓狀態下，不斷向進氣歧管內洩漏汽油。 ③外部洩漏的洩漏部位在噴油嘴和壓力油管連接處，汽油洩漏在進氣歧管外部，油滴在汽缸體上，遇熱後在引擎室內蒸發，一旦出現電路漏電火花，隨時都會引起火災。	2.防範措施 　嚴格遵守車主使用手冊規定的汽油號數和品質，加注時應注意清潔，盡量選擇符合規定標準的無鉛汽油。如果當地加油站難以保證上述條件，應盡量選用較高品質汽油，並按時向油箱中加入具有清潔和溶膠作用的汽油添加劑，以改善其品質和性能。汽車使用過程中，應嚴格依規定的行駛里程，及時更換燃油濾清器。 3.故障排除 　清洗或更換噴油嘴。

表2-19　噴油嘴電磁線圈故障

症狀	具體故障	故障原因	排除方法和措施
電磁線圈斷路	引擎無法運轉。	造成線圈燒斷的原因，主要是維修中任意改裝線路，造成接線錯誤，而將線圈絕緣層燒壞。另外，在清洗噴油嘴的維護中，由於操作者不熟悉電磁線圈電阻值，錯誤地將低阻值噴油嘴直接接到電瓶電源上，導致線圈超過最大負載電流，發熱燒蝕線圈漆包線的絕緣層，嚴重的甚至燒斷線圈的導線。	1.分析思路 　在噴油嘴的電路故障中，由引擎電腦控制系統的故障引起引擎運轉情形變差的機率比較高，主要發生在各種感知器和引擎ECU內部電子零件損壞上。 　電磁線圈短路是指噴油嘴電磁線圈正常出現的脈衝控制電流，未經規定線路流動，而通過一條短捷的線路流動。噴油嘴電磁線圈的連接方式是由一個雙腳位導線接頭連接線圈首尾兩端。導線接頭送出的兩根導線，一根接電瓶電源正極，另一根經過汽車的引擎ECU後，接入控制噴油嘴電磁線圈的搭鐵迴路。噴油嘴電磁線圈發生短路故障，即未經引擎ECU而直搭鐵線。短路故障發生後，只要接通點火開關，噴油嘴就一直噴油。
電磁線圈短路	在啟動引擎時，由於油量過多，造成火星塞濕掉而無法啟動。	①噴油嘴電磁線圈發生短路故障，即未經引擎ECU而直搭鐵線。短路故障發生後，只要接通點火開關，噴油嘴就一直噴油。 ②在啟動引擎時，由於油量過多，造成火星塞濕掉而無法啟動。燃油消耗量過高，混合氣過濃，而引起引擎抖動，造成機械磨損加劇。另外過量的汽油還會在排氣中燃燒，廢氣排放超限，嚴重冒黑煙，HC值極高，甚至損壞三元觸媒轉換器。 ③產生噴油嘴電磁線圈短路的主要原因是維修中接線錯誤，導線連接器周圍過髒。	

續表

症狀	具體故障	故障原因	排除方法和措施
電磁線圈老化	引擎啟動困難、怠速不穩、加速性能變差	噴油嘴電磁線圈老化是指線圈阻抗值增加，造成脈衝控制電流在老化的線圈上受阻，導致線圈產生的電磁吸力不足，影響噴油的噴射效果。　當線圈老化出現後，引擎啟動困難、怠速不穩、加速性能變差，通常正常性的老化屬於自然現象，電磁線圈也如此，但是短期內電磁線圈發生老化大多都是由異常原因造成的故障。產生線圈老化的異常原因是噴射系統中的脈衝電流控制值偏高，電流過大而引起發熱，導致線圈過早出現老化，其故障根源是引擎電腦控制系統工作狀態失常。	2.防範措施　噴油嘴在使用中應保持電路系統的清潔，嚴禁任意更改線路的連接方式。拆卸噴油嘴時不要使用敲擊震動的方法，避免損壞內部的電磁線圈。拆除導線接頭時，應先關閉點火開關，防止瞬間感應電壓燒壞電磁線圈和引擎ECU內部的電子器件。檢修噴油嘴電路時，應使用高阻抗數位式三用電錶或電腦故障分析儀，嚴禁採用發動中拔除噴油嘴方式，以免燒壞引擎ECU的噴油嘴控制電路。3.故障排除　更換噴油嘴。

2.5.3　感知器及信號控制

（1）空氣流量感知器（空氣流量計）

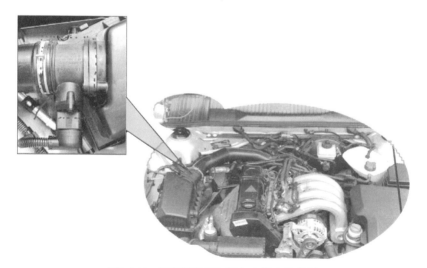

圖2-144　空氣流量感知器在車輛上的位置

圖解

如圖2-144所示，空氣流量計的功用是檢測引擎進氣量大小，並將進氣量信息轉換成電信號輸入電腦（ECU）以供計算確定噴油量。

福斯汽車使用的空氣流量計，屬L形熱膜式空氣流量計，安裝在空氣濾清器殼體與進氣軟管之間。其核心元件是流量感測元件和熱膜電阻（均為鉑膜式電阻）組合在一起構成熱膜電阻。在感知器內部的進氣通道上設有一個矩形護套，相當於取樣管，熱膜電阻設在護套中。

圖2-145　空氣流量感知器（流量計）

圖解

如圖2-145所示，

①為了防止污物沉積到熱膜電阻上而影響測量精度，在護套的空氣入口一側設有空氣過濾層，用以過濾空氣中的污物。

②為了防止進氣溫度變化使測量精度受到影響，在護套內還設有一個鉑膜式溫度補償電阻，溫補電阻設置在熱膜電阻前面靠近空氣入口一側。溫度補償電阻和熱膜電阻與感知器內部控制電路連接，控制電路與線束接頭插座連接，線束插座設在感知器殼體中部。

熱膜式空氣流量感知器檢測見表2-20。

表2-20　熱膜式空氣流量感知器檢測

項目	內容／執行診斷檢測		圖示
電阻測試	線束導通性測試	將數位三用電錶設置在電阻200Ω檔，按電路圖找到空氣流量計電路圖的腳位與ECU 信號相對應的腳位，分別測試空氣流量計3、4、5 號腳位對應至ECU 12、11、13 號腳位的電阻，所有電阻都應低於1Ω。	
	線束短路測試	將數位三用電錶設置在電阻200kΩ檔，測量空氣流量計腳位2與ECU腳位11、12、13 之間電阻應為∞。測量空氣流量計腳位與ECU腳位：3-11、13；4-12、13；5-11、12之間電阻均應為∞。	
電壓測試	電源電壓測試	打開點火開關，將數位三用電錶設置在直流電壓20V檔，紅色錶針置於空氣流量計腳位2，黑色錶針置於電瓶負極或引擎進氣歧管殼體，打起動馬達時應顯示12V；紅色錶針置於空氣流量計腳位4，黑色錶針置於電瓶負極或引擎進氣歧管殼體，應顯示5V。	
	信號電壓測試　單件測試	取一空氣流量計總成元件，將12V/5V變壓器12V電壓或電瓶電壓施加在空氣流量計接頭腳位2上，將5V電壓施加在空氣流量計接頭腳位4上，將數位三用電錶設置在直流電壓20V檔，測量空氣流量計接頭腳位3和腳位5，應有1.5V左右電壓。　　使用吹風機從空氣流量計隔珊一端向空氣流量計吹入冷空氣或加熱的空氣，測量空氣流量計接頭腳位3和腳位5，電壓應瞬時上升至2.8V回落。不能滿足上述條件，可以判定空氣流量計有故障。	

熱膜式空氣流量計
1—線束接頭；2—混合電路板；
3—溫度補償電阻；4—外殼；
5—金屬濾網；6—導流格柵

進氣氣流

續表

項目			內容／執行診斷檢測	圖示
電壓測試	信號電壓測試	實車發動測試	啟動引擎至工作溫度，將數位三用電錶設置在直流電壓20V檔，測量空氣流量計腳位5的迴饋信號，紅色錶針置於空氣流量計腳位5，黑色錶針置於空氣流量計腳位3、電瓶負極或進氣歧管殼體，怠速時應顯示電壓1.5V左右；急踩油門踏板應顯示2.8V變化。若不符合上述變化，或電壓反而下降，在電源電壓與參考電壓完好的前提下，可以斷定空氣流量計損壞，必須更換。	 熱膜式空氣流量計電路圖腳位 1─空；2─12V；3─ECU內搭鐵；4─5V參考電壓；5─感知器信號（腳位5怠速電壓為1.4V；急加速時為2.8V）

①在實際維修中，欲測試各條線束的導通性，應關閉點火開關，拔下感知器插頭與電腦ECU接頭，使用數位三用電錶分別測量各線束間的電阻，相連導線電阻應當小於1Ω，不相連導線電阻應為∞。在實際測量中，由於測量手法、三用電錶本身的誤差以及被測物體表面的氧化與灰塵等因素，發生幾個歐姆的誤差屬正常現象，不必在意於具體數字。

②在實際維修中，應拔下感知器插頭，打開點火開關，測量2號端子與搭鐵間電壓，打起動馬達時應顯示12V。此時電腦ECU會記錄空氣流量計的故障碼，測試完畢後要使用診斷儀器清除故障碼。

③在實際維修中，迴饋信號電壓在發動實車測試應在感知器插頭尾部，挑開防水膠塞或刺破導線外皮，接三用電錶後踩動油門踏板，觀察電壓變化。而在引擎實驗台上，進行本項測試不用挑開防水膠塞或刺破導線外皮（因為有測試箱供測量）。

故障維修舉例

‹ 故障現象：

出現怠速發顫、耗油大、高速無力、排氣管放黑煙等故障（以福斯車為例）。

‹ 故障分析：

出現上述原因，經過故障診斷儀器檢測，引擎空氣流量計數據嚴重超標，而空氣流量計出現損壞原因往往是車主使用劣質空氣濾清器或空氣濾清器沒有定期更換而導致灰塵停留在空氣流量計熱絲上。時間過長導致其電阻值變化不準或失效，而且灰塵易導致節流閥體過髒。

‹ 故障排除：

更換空氣流量計，清洗節流閥體。更換原廠空氣濾清器，重新電腦校正。

（2）進氣壓力感知器

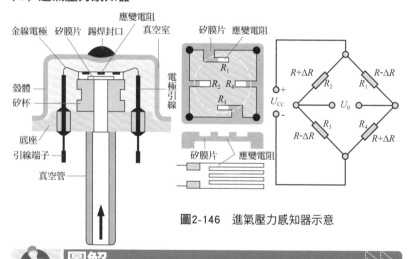

圖2-146　進氣壓力感知器示意

圖解

　　如圖2-146所示，壓力感測元件是利用半導體的壓電效應製成的矽膜片，該膜片的一面是真空室，另一面通過橡膠管接進氣歧管，故承受的是進氣歧管的真空。

　　矽膜片會在真空管的壓力變化作用下產生變形，壓力越大（真空弱），矽膜片的變形越大，其電阻值就越大。反之，進氣壓力越小（真空強），矽膜片產生的電阻值就越小。

　　在歧管壓力感知器內部矽膜片產生的電阻值變化量，通過惠斯頓電橋電路可將其轉接成為電壓信號。由於該信號很微弱，因此在感知器內部設有放大電路進行放大處理，而後，便可以從感知器端子輸出對應的電壓信號(PIM)，該電壓信號與進氣歧管壓力呈線性關係。

圖2-147　　進氣壓力感知器

圖解

　　如圖2-147所示，進氣歧管壓力感知器是感測信號和信號放大於一體的元件。它是由壓力轉換元件和把壓力轉換元件輸出信號進行放大的集成電路組成。

　　進氣壓力感知器(MAP)測量因引擎負荷和轉速變化而導致的進氣歧管壓力變化。它將這些變化轉換為電壓輸出。

　　進氣壓力感知器是提供引擎負荷信息，即通過對進氣歧管的壓力測量，間接測量進入引擎的進氣量，再通過內部電路使進氣量轉化成電壓信號提供給電腦。

進氣壓力感知器檢測見表2-21。

表2-21 進氣壓力感知器檢測

測試／圖解	圖示
進氣壓力感知器都是3線的,一根電源線,一根信號線,一根搭鐵線線。 拔開進氣壓力感知器的接頭,接通點火開關,電源線的開路電壓約+5V。 用三用電錶檢測時因信號類型不同,應選用不同的檔位,電壓信號選用直流電壓檔,頻率信號選用頻率檔。豐田汽車進氣壓力感知器電路圖如右圖所示,它輸出的是電壓信號。	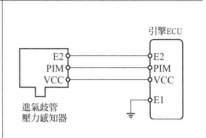
用三用電錶檢測的方法如下:接通點火開關,腳位VCC和E2間的電壓應當是4.5～5.5V。ECU腳位PIM與E2之間的信號電壓應當是3.3～3.9V,引擎怠速時信號電壓約1.5V左右,隨著節氣門開度的增加,信號電壓應上升,真空度與電壓信號關係應符合右圖中所示的關係。	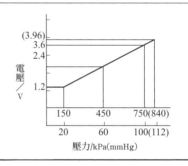

①進氣壓力感知器故障和真空洩漏一樣,引擎不能得到正常操作所需的燃油量。

②控制模組(ECU)使用大氣壓力感知器來確定大氣壓力。控制模組在燃油控制中使用大氣壓力來補償海拔高度差異。

③進氣壓力(MAP)感知器感測歧管內的真空變化。電子控制模組(ECM)以信號電壓的方式接收此變化信息,該信號電壓將從怠速情況下節氣門關閉時的1～1.5V變化至節氣門全開時的4.5～5V。

故障維修舉例

< 故障現象：

以福斯汽車Golf為例，進氣壓力感知器與進氣溫度感知器為一體，這兩種感知器配合工作能準確地量測汽缸的進氣量，感知器接頭的4個連接腳位1、2、3、4分別與引擎控制單元（ECU）的220、D101、T60/55、T60/42腳位相連接。感知器的檢測方法如下。

< 電阻檢測：

關閉點火開關，拔下ECU和進氣壓力感知器線束接頭。用三用電錶的電阻檔檢測引擎線束與感知器有關腳位間的電阻。

①感知器正極線，引擎線束中D101與腳位3，電阻小於0.5Ω；

②感知器信號線，T60/55與腳位4，電阻小於0.5Ω；

③感知器負極線，引擎線束中220與腳位1，電阻小於0.5Ω；

④溫度感知器信號線，T60/42與腳位2，電阻小於0.5Ω。

如果阻值偏離上述電阻過大，說明線束與腳位接觸不良或有斷路。

< 電壓檢測：

用三用電錶檢測電壓，打開點火開關，檢查進氣壓力感知器接頭腳位3與腳位1間的電源電壓，應為5V左右；

打開點火開關，引擎不運轉，檢查進氣壓力感知器信號輸出腳位4與搭鐵腳位1間的信號電壓，應為4.2V左右（在3.8V到4.2V之間）；

當與引擎怠速運轉時，信號電壓應為1V左右，（在0.8V到1.3V之間），當節氣門開度加大時，信號電壓應上升。

如果信號電壓值與上述標準參數偏離過大，則說明感知器已經損壞，應更換。

（3）曲軸位置感知器

①基本控制　曲軸位置感知器是引擎電子控制系統中最重要的感知器之一，它提供點火時間（點火提前角）、確認曲軸位置的信號，用於檢測活塞上死點、曲軸轉角及引擎轉速。

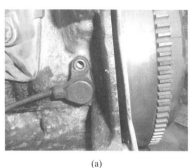

(a) (b)

1—曲軸位置感知器 2—信號盤 3—接頭

圖2-148 曲軸位置感知器（曲軸端）

曲軸位置感知器

圖2-149 曲軸位置感知器（飛輪上）

 圖解

　　圖2-148、圖2-149所示的曲軸位置感知器所採用的結構隨車型不同而不同，可分為電磁感應式、光電式和霍爾式三大類。它通常安裝在曲軸端、飛輪上或分電盤內。

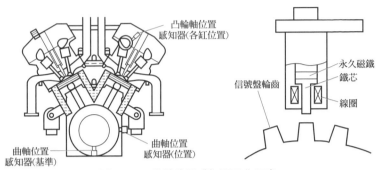

凸輪軸位置
感知器(各缸位置)

永久磁鐵
鐵芯
信號盤輪齒
線圈

曲軸位置
感知器(基準)

曲軸位置
感知器(位置)

圖2-150　曲軸位置感知器工作示意

圖解

　　如圖2-150所示，曲軸位置感知器通過其支座伸出與信號盤接近約1.3mm。變磁阻信號盤是一個特殊的轉輪，連接在曲軸或曲軸帶輪上，上面有58個加工槽，其中的57個槽按6°等間隔分布。最後一個槽較寬，用於生成同步脈衝。當曲軸轉動時，變磁阻信號盤中的槽將改變感知器的磁場，產生一個感應電壓脈衝。第58槽的脈衝較長，可識別曲軸的某個特定位置，使引擎控制模組(ECM)可隨時確定曲軸的方向位置。引擎控制模組使用此信息決定點火正時和噴油時間，然後發送給點火線圈和噴油嘴。

　　引擎運轉時曲軸帶輪或鏈輪上的齒或凸起通過感知器的磁場結果產生感生電動勢，ECM收到這個電壓信號從而可以檢測曲軸和凸輪軸的位置。

　　曲軸位置感知器CKPS基準位於油底殼上半部面向曲軸帶輪，它用來檢測壓縮上死點信號。

　　曲軸位置感知器CKPS安裝在飛輪殼上，面向信號盤飛輪的輪齒，它用來檢測曲軸位置信號1°信號，這個感知器加入了一個波形電路，其目的是把產生的正弦信號轉變成為一個方波信號。

②磁感應式曲軸位置感知器檢測

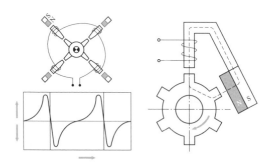

圖2-151　脈衝信號產生

 圖解

　　如圖2-151所示，基本原理是利用電磁線圈產生的脈衝信號來確定引擎轉速和各缸的工作位置。

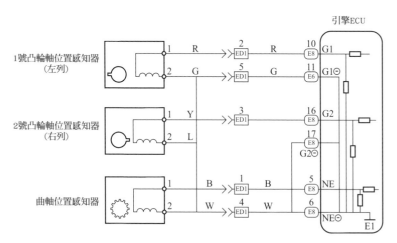

圖2-152　磁感應式曲軸位置感知器檢測

圖解

如圖2-152所示，基本檢測原理如下。

①檢測磁感應式感知器是否良好時，應檢查磁感應線圈阻值與交流信號電壓。

②磁感應線圈良好，但信號電壓不一定良好，所以還應檢測交流信號電壓，交流信號電壓隨信號盤轉速增加而增大。用三用電錶檢測磁感應感知器信號，三用電錶檔位應置交流電壓20V檔，拔開感知器的接頭，用三用電錶兩根表針接觸感知器的兩個端子，啟動時觀察有無交流電壓信號。

③豐田汽車（四缸）分電盤內的曲軸位置感知器（NE）信號在怠速時約0.77V，2000r/min時約1.3V，凸輪軸位置感知器（G）信號在怠速時約0.45V，2000r/min時約1V。當分電盤從引擎上拆下，用手快速轉動分電盤軸，也能測試信號電壓，NE信號約為0.08V，G信號約為0.04V。線圈阻值應符合參數值規定。

③霍爾式曲軸位置感知器檢測

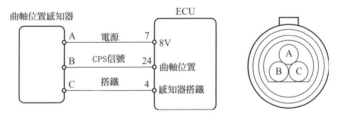

圖2-153　霍爾式曲軸位置感知器檢測

圖解

如圖2-153所示，基本檢測原理如下。

霍爾式曲軸位置感知器的檢測方法有一個共同點，即主要通過測量有

無輸出電脈衝信號來判斷其是否良好。本例以某種轎車的霍爾式曲軸位置感知器為例來說明其檢測方法。

曲軸位置感知器與ECU有三條電線相連。其中一條是ECU給感知器的電源線，輸入感知器的電壓為8V；另一條是感知器的輸出信號線，當飛輪齒槽通過感知器時，霍爾感知器輸出方波信號，高電位為5V，低電位為0.3V；第三條是通往感知器的搭鐵線。

故障維修舉例

‹ 故障現象：

以一輛車將變速箱拆下檢修組裝後為例，出現引擎不能發動，且無任何起動徵兆的現象。

‹ 故障分析與檢修：

引擎不能發動也沒有啟動徵兆，根據經驗，可能是某些原因導致沒有點火高壓電或噴油嘴不噴油。根據拆裝變速箱的維修人員描述，故障可能與拆卸或裝配有關，如線束的插接件沒接好或接錯；拆裝過程中不小心讓線路短路導致某保險絲熔斷等。

檢查各插接件，未發現異常。檢查各有關的保險絲，均良好。在噴油嘴插線的控制端接上示波器，啟動引擎，沒有出現正常的噴油脈衝波形。接著將示波器接到點火線圈的控制端，啟動引擎，也沒有出現正常的點火控制信號波形。

導致無點火控制信號和噴油控制信號的主要原因之一是曲軸位置感知器信號不良。該引擎的曲軸位置感知器裝在曲軸飛輪殼上，為磁感應式。

用三用電錶測量曲軸位置感知器線圈的電阻值，結果只有19Ω，與正常的數百歐姆差距甚遠，說明磁感應線圈局部有短路。檢查曲軸位置感知器的外部，沒發現感知器有人為碰傷或其他異常痕跡。

‹ 故障排除：

更換新的曲軸位置感知器後，引擎恢復正常。

（4）進氣溫度感知器（圖 2-154、圖 2-155）

圖解

如圖2-154所示，進氣溫度感知器通常安裝在空氣流量計內或者空氣濾清器之後的進氣管上。

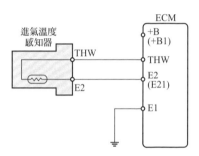

圖2-154　進氣溫度感知器　　　　圖2-155　進氣溫度感知器檢測

圖解

如圖2-155所示，進氣溫度感知器是來檢測進氣溫度，提供給ECU作為計算空氣密度的依據。進氣溫度感知器（IAT）用其熱敏電阻來改變ECU的電壓信號。

當進氣較冷時，感知器電阻高，所以ECU的THW腳位高電壓。進氣溫度用於修燃油噴量、點火時間和怠速空氣進氣量。

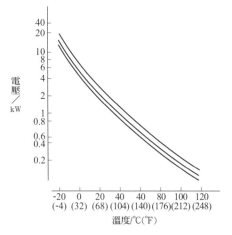

圖2-156　溫度與電阻值關係

 圖解

　　如圖2-156所示，與檢測水溫感知器的方法一樣，在盛有冷水的容器中，檢測進氣溫度感知器在不同溫度下的電阻值，如果感知器沒有顯示出應有的電阻值，應修理或更換。

　　把進氣溫度感知器裝在引擎上，在感知器兩個接線端之間用電壓錶測量電壓降。對應任一溫度，感知器都應有確定的電壓降。對照維修手冊進氣溫度感知器溫度與壓降的對應關係。

維修提示

　　由於空氣的密度隨著溫度的變化而變化，因此，為了保持較為準確的空燃比，引擎ECU以20℃時的空氣密度為標準，根據實際測得的進氣溫度信號，修正偏移量。溫度低時增加噴油量，溫度高時減少噴油量。幅度在10%左右。

故障維修舉例

〈 故障現象：

電腦噴射引擎能正常啟動，但排氣管冒黑煙，駕駛室內能聞到一股生油味，從故障上述現象初步診斷為混合氣過濃。

〈 故障診斷與原因分析：

電腦噴射引擎引起混合氣過濃故障的原因較多，主要有供油壓力過高、含氧感知器失效等。

檢修時，打開自診斷系統，提取故障碼得知故障部位在進氣溫度感知器。檢查位於空氣濾清器蓋上的進氣溫度感知器元件插頭，檢查是否鬆脫及接觸不良。

使用數位型三用電錶，檢查感知器電阻：拔下接頭，三用電錶一端負極接感知器殼體，一端測量元件插頭，根據溫度查表，檢查電阻值。此時的進氣溫度為40℃，查表阻值為1000Ω，三用電錶實際顯示僅為600Ω，說明感知器有故障。

進氣溫度是ECU修正供油量的重要參數，感知器提供不準確信息，勢必使混合氣濃度不能隨引擎狀況進行對應變化，引發了上述故障。

〈 故障排除：

更換進氣溫度感知器，引擎檢測儀重新檢測並消故障碼，故障排除。

（5）冷卻水溫感知器

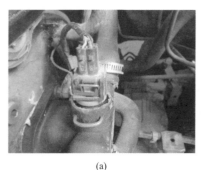
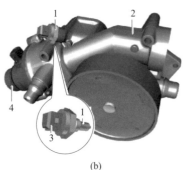

(a)　　　　　　　　　　　　　(b)

1—冷卻水溫感知器；2—水泵；
3—插頭；4—電子節溫器

圖2-157　冷卻水溫感知器

圖解

如圖2-157所示，引擎冷卻水溫度感知器位於引擎右側，其作用是向引擎控制模組（ECU）輸入引擎冷卻水的溫度，也就是引擎的溫度。ECU利用接收的信息改變點火提前角，並根據引擎溫度改變燃油噴射量。通常當引擎冷卻水溫度感知器顯示2.7V的值，相當於40℃時，在含氧感知器的「閉迴路控制」內使用。

故障維修舉例

< **故障現象：**

引擎怠速升高，轉速表指針小幅度擺動。

< **故障診斷分析：**

轎車引擎怠速高，轉速表指示在1200r/mim左右，有時小幅度擺動。用故障診斷儀器檢測，結果無故障記錄。然後，對資料數據逐一分析，發現熱車後冷卻水溫度仍然在35℃左右，而此時冷卻水溫度指示表為90℃，說明冷卻水溫感知器傳遞信號有誤，冷卻水溫感知器工作不良。這是因為冷卻水溫感知器損壞後，雖然引擎已經熱車，但仍然給引擎控制單元（ECU）冷車信號，ECU認為引擎還處於冷車狀態，便控制引擎以高怠速運轉。

< **故障排除：**

更換冷卻水溫感知器，故障排除。

（6）爆震感知器（圖 2-158、圖 2-159、表 2-22）

圖2-158　爆震感知器安裝在汽缸體上

圖2-159　爆震感知器

圖解

圖2-158、圖2-159所示為爆震感知器。

①爆震感知器檢測引擎爆震，並在出現爆震時延遲點火正時，一旦出現爆震，感知器內部的質量塊即隨汽缸震動，壓縮壓電晶體元件進而產生電壓，該信號送給ECU，ECU隨即延遲點火正時。

②爆震感知器提供爆震信息，用於修正點火正時，實現爆震閉迴路控制。

③失效影響：爆震將要發生前無法提供爆震信號，電腦接收不到信號「峰值」，不能減少點火提前角，而發生爆震。

表2-22　爆震感知器檢測

圖解	圖示
①拆下爆震感知器的導線接頭，接通引擎點火開關。 ②在拆下的導線之間用電壓錶測量，電壓值應在4～6V之間。如果電壓值不在這個範圍內，可測量ECU端的導線電壓值，如果這端電壓值符合要求，需換導線。如果電壓值也不符合要求，則ECU有故障。 ③在爆震感知器與搭鐵線之間用歐姆表測量，感知器應有3300～4500Ω的電阻。如果不符，需更換感知器。 ④可用一個與引擎相連的正時信號燈來對爆震感知器進行快速檢查。引擎轉速設定在2000r/min，觀察正時信號。用一小錘在靠近爆震感知器的位置上輕敲，如果感知器工作正常，點火提前角將有所減小。	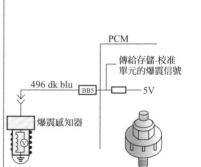

圖解

　　如圖2-160所示，安裝爆震感知器時，一定要按照規定扭力標準鎖緊螺栓，否則，有可能引擎電腦（ECU）收集不到爆震感知器信號而導致引擎加速遲緩等故障。

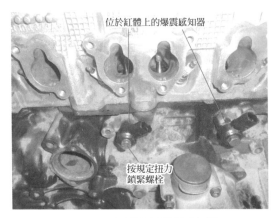

位於缸體上的爆震感知器

按規定扭力
鎖緊螺栓

圖2-160　缸體上的爆震感知器

（7）含氧感知器

①含氧感知器基本控制　根據含氧感知器的電壓信號，引擎ECU按照盡可能接近14.7：1的理論最佳空燃比來變稀或加濃混合氣。因此含氧感知器是電子修正燃油計量的關鍵感知器。

圖解

　　如圖2-161、圖2-162所示，含氧感知器安裝在三元觸媒轉化器轉換器上。含氧感知器將廢氣中氧的濃度信息迴饋給ECU，氧的濃度直接與空燃比相關，濃混合氣產生的氧濃度低，稀混合氣產生的氧濃度高，感知器測量氧的含量並向控制單元ECU提供可變電壓信號，根據該信號ECU確定氧的濃度水平並改變噴油脈衝持續時間以加濃或變稀混合氣，進而導致氧的濃度變化且該循環再次開始，這種由迴饋信息和調節組成的持續迴路稱為閉迴路控制。

　　簡單地說，含氧感知器是提供混合氣濃度信息，用於修正噴油量，實現對空燃比的閉迴路控制，保證引擎實際的空燃比接近理論空燃比的主要元件。

　　失效影響：怠速不穩，油耗過大。含氧感知器損壞明顯導致引擎動力不足，加速遲緩，排氣冒黑煙。

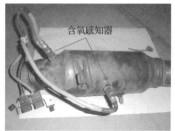

圖2-161 含氧感知器（一）

圖2-162 含氧感知器（二）

②含氧感知器原理

 圖解

　　如圖2-163所示，含氧感知器的工作原理與乾電池相似，感知器中的二氧化鋯元素起類似電解液的作用。其基本工作原理是，在一定條件下(高溫和鉑觸媒)，利用二氧化鋯內外兩側的氧濃度差，產生電位差，且濃度差越大，電位差越大。大氣中氧的含量為21%，濃混合氣燃燒後的廢氣實際上不含氧，稀混合氣燃燒後生成的廢氣或因缺火產生的廢氣中含有較多的氧，但仍比大氣中的氧少得多。

　　在高溫及鉑的觸媒下，帶負電的氧離子吸附在二氧化鋯套管的內外表面上。由於大氣中的氧氣比廢氣中的氧氣多，套管上與大氣相通一側比廢氣一側吸附更多的負離子，兩側離子的濃度差產生電動勢。當套管廢氣一側的氧濃度低時，在電極之間產生一個高電壓(0.6～1V)，這個電壓信號被送到ECU放大處理，ECU把高電壓信號看作濃混合氣，而把低電壓信號看作稀混合氣。根據含氧感知器的電壓信號，引擎ECU按照盡可能接近14.7：1的理論最佳空燃比來變稀或加濃混合氣。因此含氧感知器是電子修正燃油計量的關鍵感知器。

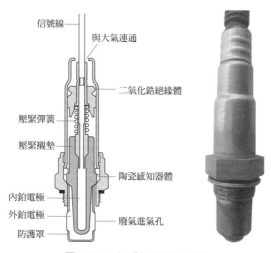

圖2-163　氧感知器基本結構

　　要準確地保持混合氣濃度為理論空燃比是不可能的。實際上的迴饋控制只能使混合氣在理論空燃比附近一個狹小的範圍內波動，故含氧感知器的輸出電壓在0.1～0.9V之間不斷變化（通常每10s內變化8次以上）。如果含氧感知器輸出電壓變化過慢（每10s少於8次）或電壓保持不變（不論保持在高電位或低電位），則表明含氧感知器有故障，需檢修。

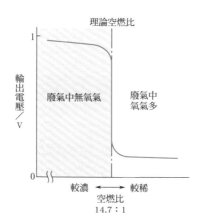

圖2-164　二氧化鋯式含氧感知器控制

圖解

圖2-164所示為二氧化鋯式含氧感知器。

鋯管的陶瓷體是多孔的，滲入其中的氧氣，在溫度較高時發生電離。由於鋯管內、外側氧含量不一致，存在濃差，因而氧離子從大氣側向排氣一側擴散，從而使鋯管成為一個微電池，在兩鉑極間產生電壓。當混合氣的實際空燃比小於理論空燃比，即引擎以較濃的混合氣運轉時，排氣中氧含量少，但CO、HC、H2等較多。這些氣體在鋯管外表面的鉑觸媒作用下與氧發生反應，將耗盡排氣中殘餘的氧，使鋯管外表面氧氣濃度變為零，這就使得鋯管內、外側氧濃差加大，兩鉛極間電壓陡增。因此，鋯管含氧感知器產生的電壓將在理論空燃比時發生突變：稀混合氣時，輸出電壓幾乎為零；濃混合氣時，輸出電壓接近1V。

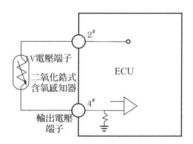

圖2-165　含氧感知器檢測

圖解

圖2-165所示為含氧感知器檢測。

ECU2#腳位將一個恆定的1V電壓加在含氧感知器的一端上，含氧感知器的另一端與ECU4#腳位相接。當排出的廢氣中氧濃度隨引擎混合氣濃度變化而變化時，含氧感知器的電阻隨之改變，ECU4#腳位上的電壓降也隨

之變化。當4#腳位上的電壓高於參考電壓時，ECU判定混合氣過濃；當4#腳位上的電壓低於參考電壓時，ECU判定混合氣過稀。通過ECU的迴饋控制，可保持混合氣的濃度在理論空燃比附近。在實際的迴饋控制過程中，含氧感知器與ECU連接的4#腳位上的電壓也是在0.1～0.9V之間不斷變化。

③寬域含氧感知器　　寬域含氧感知器的基本控制原理就是以普通二氧化鋯型含氧感知器為基礎擴展而來。二氧化鋯型含氧感知器有一特性，即當氧離子移動時會產生電動勢。反之，若將電動勢加在二氧化鋯組件上，即會造成氧離子的移動。根據此原理即可由引擎控制單元（ECU）控制所想要的比例值。

　　構成寬域型含氧感知器的組件有兩個部分：一部分為感應元件，另一部分是泵氧元件。

　　a. 感應元件的一面與大氣接觸，而另一面是監測室，通過擴散孔與廢氣接觸，與普通二氧化鋯感知器一樣，由於感應元件兩側的氧含量不同而產生一個電動勢。一般的二氧化鋯感知器將此電壓作為ECU的輸入信號來修正混合比，而寬域型含氧感知器與此不同的是，引擎ECU要把感應元件兩側的氧含量差保持一致，讓電壓值維持在0.45V，這個電壓只是電腦的參考標準值，它就需要感知器的另一部分泵氧元件來完成。

　　b. 寬域型含氧感知器的另一個感知器的關鍵元件泵氧元件，泵氧元件邊是廢氣，另一邊與監測室相連。泵氧元件就是利用二氧化鋯感知器的反作用原理，將電壓施加於二氧化鋯組件(泵氧元件)上，這樣會造成氧離子的移動。把廢氣中的氧泵入監測室當中，使感應元件兩側的電壓值維持在0.45V。這個施加在泵氧元件上變化的電壓，才是需要的氧含量信號。如果混合汽太濃，那麼廢氣中含氧量下降，此時從擴散孔溢出的氧較多，感應元件的電壓升高。為達到平衡引擎控制單元，增加控制電流使泵氧元件增加泵氧效率，使監測室的氧含量增加，這樣可以調節感應元件的電壓恢復到0.45V。相反混合汽太稀，則廢氣中的含氧量增加，這時氧要從擴散孔進入監測室，感應元件電壓降低，此時泵氧元件向外排出氧來平衡監測室中的含氧量，使感應元件的電壓維持在0.45V左右。

175

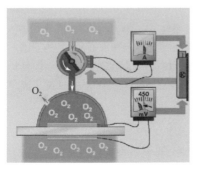

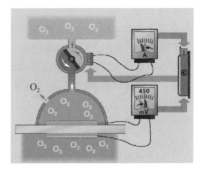

圖2-166　感應元件電壓小於450mV　　圖2-167　感應元件電壓上升到450mV
　　　　（監測室含氧較高）　　　　　　　　　（泵氧元件電流減小，監測室氧較少）

圖解 >>>

圖2-166所示為混合氣過稀調整。

如果混合氣過稀，廢氣中氧含量多，示意圖中監測室畫出5個氧分子，空氣室大氣總是5個氧分子，電極電壓小於450mV。

圖解 >>>

如圖2-167所示，泵氧元件電流減小，氧流量減少，圖中監測室又恢復了4個氧分子，電極電壓上升到450mV。

其實，綜上所述，加在泵氧元件上的電壓可以保證當監測室內的氧多時，排出室內的氧，這時引擎控制單元（ECU）的控制電流是正電流；當室內的氧少時，進行供氧，此時ECU的控制電流是負電流。

維
修
提
示

　　必須在實際維修中正確理解下述概要：寬域含氧感知器能夠提供準確的空燃比迴饋信號給ECU，從而ECU精確地控制噴油時間，使汽缸內混合汽濃度始終保持理論空燃比值。寬域含氧感知器的使用提高了ECU的控制精度，最大限度地發揮了三元觸媒轉化器的作用，優化了引擎的性能，並可降低燃油消耗，更加有效地降低了有害氣體的排放。

　　寬域含氧感知器通過檢測引擎廢氣排放中的氧含量，並向電子控制單元（ECU）輸送對應的電壓信號，反映空氣燃油混合比的稀濃。ECU根據含氧感知器傳送的實際混合汽濃稀迴饋信號而對應調節噴油脈寬，使引擎運行在最佳空燃比（$\lambda=1$）狀態，從而為觸媒轉換器的廢氣處理創造理想的條件。如果混合汽太濃（$\lambda<1$），必須減少噴油量，如果混合汽太稀（$\lambda>1$），則要增加噴油量。

‹ 診斷及故障檢查：

　　寬域含氧感知器是6線式，其中2線頭為電極電壓；其中2線頭為泵氧元件電流訊號腳位；其中2線頭為加熱電阻。

‹ 測量檢查方法：

　　①不拔開插頭，直接測量感知器電極電壓為0.4～0.5V。

　　②拔開插頭，測量泵氧元件電流訊號腳位，電阻為77Ω；測量加熱電阻腳位為2.5～10Ω；測量感知器泵氧元件電流訊號腳位對搭鐵電阻均為∞。

（8）節氣門（節流閥體）

　　①電子節氣門怠速控制裝置　為了在怠速範圍內操縱節氣門：節氣門馬達由引擎控制單元（ECU）驅動；怠速開關和節氣門位置電位計或由節氣門位置感知器向引擎控制單元（ECU）傳送節氣門當前位置的信號。

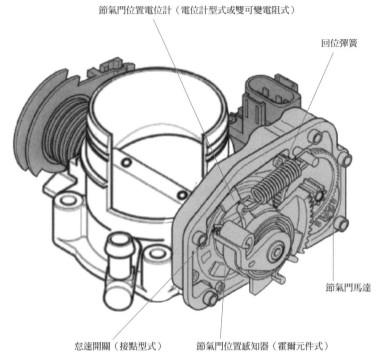

節氣門位置電位計（電位計型式或雙可變電阻式）

回位彈簧

節氣門馬達

怠速開關（接點型式）　　節氣門位置感知器（霍爾元件式）

圖2-168　電子節氣門裝置

圖解

圖2-168所示為電子節氣門怠速控制裝置。

電子節氣門控制裝置在引擎怠速運轉時利用直流馬達和減速機構來直接驅動節氣門的開閉來控制怠速轉速在目標轉速範圍內，它可由節氣門馬達、節氣門位置感知器，或節氣門位置電位計和怠速接點來進行組合控制。

②機械和電子節氣門系統區別

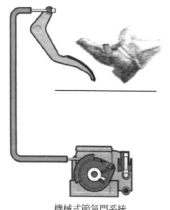

機械式節氣門系統

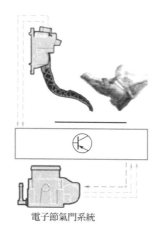
電子節氣門系統

圖2-169　機械與電子節氣門系統

 圖解

圖2-169，圖2-170所示為機械和電子節氣門系統。

①機械節氣門系統中，駕駛踏下油門踏板並通過節氣門拉索對節氣門進行機械定位。當駕駛踏下油門踏板時，引擎電腦不能控制節氣門的位置。

　為了調整引擎的扭力，引擎電腦必須參考其他的控制變量，如點火正時和噴射正時。

②在電子節氣門控制系統中，節氣門在整個調整範圍內都是由一個節氣門馬達控制的。駕駛根據所需要的引擎動力踏下油門踏板。感知器記錄下油門踏板的位置並將該信息傳遞給引擎電腦。引擎電腦現在將對應於駕駛輸入的信號傳遞給節氣門馬達，馬達將節氣門轉動到對應的角度。

　但是，如果出於安全或燃油消耗因素的考慮，引擎電腦可以獨立於油門踏板的位置而調整節氣門的位置。

　這樣做的優點是引擎可以根據各種不同的需求(例如駕駛的輸入、廢氣的排放、燃油消耗以及安全性) 確定節氣門的位置。

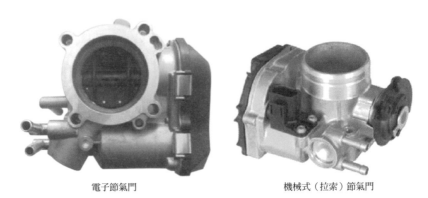

電子節氣門　　　　　　　　　　機械式（拉索）節氣門

圖2-170　機械和電子節氣

③電子節氣門系統控制過程　引擎電腦根據內部和外部扭力的需求產生一定的扭力。實際的扭力是根據引擎轉速、負載信號和點火提前角計算得出的。

引擎控制電腦一開始比較實際扭力與理論扭力。如果這兩個數值有差別，系統將確定必要的修正方式以使這些數值匹配。

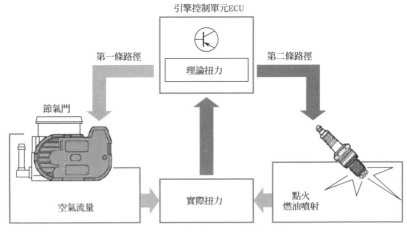

圖2-171　系統同時處理兩條路徑

圖解

如圖2-171所示，在第一條路徑中，電腦可獨立修正長期扭力需求的控制變量。

在第二條路徑中，電腦可獨立修正短期扭力的控制變量。

④電子節氣門控制系統組成（表2-23）

表2-23　電子節氣門控制系統組成

組成	圖解	圖示
油門踏板模組	用感知器來確定當前油門踏板的位置，並將對應的信號傳遞給引擎控制單元（ECU）。	油門踏板模組 輔助信號 Ⓚ 節氣門控制單元 EPC 故障警告燈
引擎控制單元（ECU）	①根據該信號計算出駕駛需要的引擎動力，將此信息轉換為引擎的扭力數值。為此，引擎電腦控制節氣門驅動裝置以進一步開啟或關閉節氣門。在控制節氣門驅動裝置時，引擎電腦也考慮滿足其他扭力要求，如空調。 ②監控電子節氣門控制系統功能。	
節氣門控制單元	①負責提供所需空氣品質。 ②節氣門驅動裝置根據引擎控制單元發出的指令控制節氣門。 ③節氣門位置感知器向引擎提供節氣門位置迴饋數值。	
電子節氣門控制系統的故障警告燈	向駕駛提示電子節氣門控制系統已發生故障。	

⑤電子節氣門控制診斷　系統控制及元件見圖2-172。

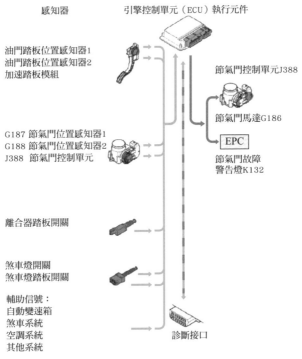

感知器　　　　引擎控制單元（ECU）執行元件

油門踏板位置感知器1
油門踏板位置感知器2
加速踏板模組

節氣門控制單元J388

節氣門馬達G186

G187 節氣門位置感知器1
G188 節氣門位置感知器2
J388　節氣門控制單元

EPC

節氣門故障
警告燈K132

離合器踏板開關

煞車燈開關
煞車燈踏板開關

輔助信號：
自動變速箱
煞車系統
空調系統
其他系統

診斷接口

圖2-172　系統控制及元件

油門踏板控制及故障影響如下。

 圖解

圖2-173所示為油門踏板。

引擎控制單元（ECU）能夠根據兩個油門踏板位置感知器所提供的信號識別出油門踏板當前的位置。

兩個感知器是滑動觸點電位計，它們被安裝在一根公共軸上，滑動觸點電位的電阻和電壓隨著油門踏板位置的變化而變化。

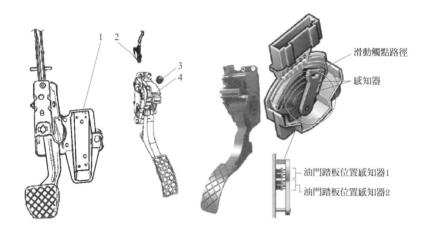

圖2-173　油門踏板（福斯汽車）

1—軸承支座；2—插頭；3—螺栓；4—油門踏板位置感知器

a. 信號故障。如果一個感知器發生故障，則發生以下情況：

‧ 在故障存儲器中儲存故障，並且電子節氣門控制系統的故障警告燈點亮。

‧ 系統開始啟動怠速模式，如果在定義的測試時間內發現第二個感知器在怠速位置內，則車輛繼續運行。

‧ 如果需要進入節氣門全開狀態，則引擎轉速緩慢提高。

‧ 此外，也通過煞車燈開關或煞車踏板開關識別怠速。

‧ 舒適系統功能，如巡航控制系統或發動煞車調節功能被關閉。

當兩個感知器都發生故障時，則發生以下情況：

‧ 在故障存儲器中儲存故障，並且電子節氣門控制系統的故障指小燈點亮。

‧ 引擎僅僅在高怠速(最高1500r/min）下運轉，並不再對油門踏板的動作作出變化控制。

b. 電路控制。兩個滑動觸點電位計上的電壓均為5V。出於安全考慮，每個感知器都有其單獨的（紅色線）電源、單獨的（棕色）搭鐵線和單獨的信號線（綠色）。

　　節氣門位置感知器也是由兩個無觸點線性電位計感知器組成，且由ECU提供相同的基準電壓。當節氣門位置發生變化時，電位計數值也隨之線性地改變，由此產生對應的電壓信號輸入ECU，該電壓信號反映節氣門開度大小和變化速率。

> **維修提示 ✖**
>
> 　　不要試圖打開或維修節氣門控制單元，更換了節氣門控制單元後必須執行設定。

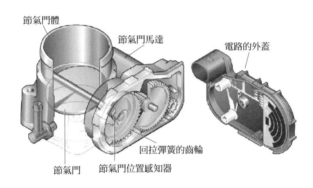

圖2-174　電子節氣門控制單元

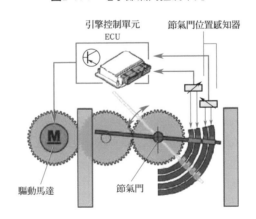

圖2-175　電子節氣門控制示意

圖解

如圖2-174、圖2-175所示，要開啟或關閉節氣門，引擎控制單元（ECU）驅動節氣門驅動裝置的馬達。兩個角度感知器向引擎控制單元提供當前節氣門位置的迴饋信號。

⑥節氣門（節流閥體）故障

a. 節氣門控制單元、油門踏板電路見圖2-176。

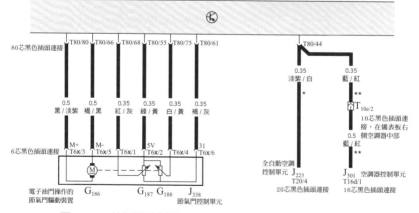

圖2-176　節氣門控制單元、油門踏板電路（福斯汽車車系）

b. 節氣門拆卸及清洗

節氣門固定螺栓

電路外蓋朝上

圖2-177　拆卸和清洗節氣門（一）　　　圖2-178　拆卸和清洗節氣門（二）

  圖解

圖2-177、圖2-178所示為（福斯汽車）節氣門拆卸及清洗。

①在清洗工作進行前，最好先拆掉節氣門體上的節氣門位置感知器，以防清洗劑對節氣門位置感知器腐蝕而損壞。

②清洗時，重點清洗節氣門管道、節氣門及節氣門軸等部位，直至沒有污物為止。清洗後反覆操作節氣門操縱機構，檢查節氣門開關是否自如。另外，還要清洗進氣道與節氣門體的接合面，清洗前先拆下密封膠圈，以防被腐蝕。

③若節氣門位置感知器已拆下，則先將其裝於節氣門體上。注意，感知器上的安裝標記應和節氣門體上的標記對正。將進氣管上的密封膠圈復位，將節氣門體安裝到進氣管上。固定螺栓的鎖緊扭力為5N·m。

節氣門的4支固定螺栓如圖2-177中箭頭處所指。

維修
提示

清洗節氣門時，電路外蓋必須朝上，以免清洗劑流入電路。

節氣門故障如下。

〈 故障現象：

①引擎怠速不穩定，高怠速持續不降，引擎啟動困難，尤其是冷啟動困難。

②引擎怠速不穩定或無怠速。

③引擎啟動困難。

④引擎動力不足，加速性能差，運轉不穩定。

〈 故障原因：

①節氣門黏附積碳，節氣門關閉不嚴實。

②節氣門怠速通道堵塞。怠速時，空氣進氣量不足。

③節氣門位置感知器觸點不良，無全負荷。

④節氣門位置感知器觸點不良或節氣門體損壞，節氣門位置信號不正確。

〈 排除方法：

故障①、②可以通過清洗節氣門來解決；故障③、④可通過故障診斷儀器檢測情況更換節氣門來解決。

引擎進排氣系統維修

2.6.1 進氣系統

（1）進氣管道裝置

圖解

　　如圖2-179～圖2-181所示，在多點電控燃油噴射式引擎上，為了消除進氣脈動和保證各缸進氣均勻，對進氣總管和進氣歧管的形狀、容積都有嚴格的要求，每個汽缸必須有一個單獨的進氣歧管。有些引擎的進氣總管與進氣歧管製成一體，有些則是分開製造再用螺栓連接。

　　氣流慣性效應：進氣管內高速流過的氣流具有一定的慣性。

　　氣流壓力波效應：利用進氣過程具有間歇性、週期性導致進氣管內產生一定氣流壓力波在管道內反射形成的共振後的壓力波提高進氣量。

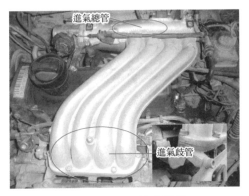

圖2-179　進氣管道裝置

圖2-180　進氣管道裝置（金屬和非金屬管道）

圖2-181　進氣管道裝置

（2）TSI引擎進氣道特點

「均質充氣」成為了目前TSI系列引擎的主流進氣模式，而1.4TSI同樣由於均質燃燒控制的改進，取消了進氣歧管翻板的設計，不過，為了同樣能夠實現油氣的充分混合，保證汽缸內形成很好的渦流，1.4TSI則在進氣道上作出了對應的改進。

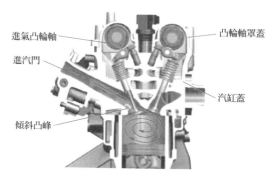

圖2-182　進氣道

 圖解

如圖2-182所示，1.4TSI進氣道的角度被調整至更接近水平，同時，在進氣道外緣的汽門座上，設計了一個傾斜的凸峰，從而保證進氣吹過

汽門頂時，在汽缸內形成特殊的渦流，無論在引擎的任何情況下，都能夠實現燃氣充分混合的作用。而在1.4TSI引擎中，實現「小截面，流速增」、「大截面，流量增」的進氣效果元件，則成為了節流閥體（節氣門）的主要角色，通過「源頭」的進氣效果控制，輔以上述特殊的進氣道「擾流」效果，充分提升燃燒效率。

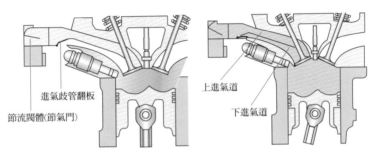

進氣歧管翻板

節流閥體(節氣門)

上進氣道

下進氣道

圖2-183　進氣歧管翻板工作示意

⚠ 小提醒：

　　TSI進氣歧管翻板背景：針對引擎工作情況的差異，進氣系統的對應變化，對於燃燒室混合氣體的形成有著至關重要的作用。而早期的TSI引擎由於均具有分層燃燒技術，因此，根據引擎工作情況，為了滿足「分層進氣模式、均質稀混合氣模式、均質混合氣模式」多種不同燃燒室進氣模式，「進氣歧管翻板」的加入則應運而生。進氣歧管翻板工作示意見圖2-183。

　　在引擎處於低速時，採用分層進氣模式下，進氣歧管翻板通過「關閉下進氣通道，形成較窄的橫截面積」，增加氣流流速，有效形成強烈的進氣渦流，利於「分層」模式下混合氣的形成與霧化，可提高燃燒效率，進而增大引擎扭力輸出；而當引擎進入高速時，採用均質混合氣模式時，進氣歧管翻板通過「開啟下進氣通道，形成較寬的橫截面積」，增大進氣量，使更多的空氣參與燃燒，從而提升引擎的輸出功率。

（3）可變歧管

可變進氣歧管見表2-24、圖2-184。

表2-24 可變歧管

項目		說明／內容
可變歧管說明	可變進氣歧管長度	可變進氣歧管長度是一種廣泛應用於車輛的技術，進氣歧管長度大部分被設計成分兩段可調，長的進氣歧管在低轉速時使用，短的進氣歧管在高轉速時使用。 為何在高轉速時要設計為短進氣歧管？ 因為它能使得進氣更順暢，這一點應該很容易理解；但是為什麼在低轉速時需要長進氣歧管呢，它不會增加進氣阻力嗎？因為引擎低轉速時引擎進氣的頻率也是低的，長的進氣歧管能聚集更多的空氣，因而非常適合與低轉速時引擎的進氣需求相匹配，從而可以改善扭力的輸出。 另外，長進氣歧管還能降低空氣流速，能讓空氣和燃料更好地混合，燃燒更充分，也可以產生更大的扭力輸出。這種形式最常見。
	可變進氣共振	採用的是通過進氣共振來提高引擎中高轉速的動力。每個汽缸都共享著同一個共振室，它們兩個互相連接，其中一個進氣管能在ECU的控制下，通過閥門打開和關閉。這個閥門開關頻率與各個汽缸之間的進氣頻率（進氣頻率實際上又取決於引擎的轉速）相關。這樣，在汽缸與汽缸之間就形成了一種壓力波。如果進氣頻率與壓力波轉速相對稱，根據共振的原理，空氣就會因為強烈的共振而被強力地推進汽缸，從而改善了進氣效率。 具體改變頻率的原理：壓力波的頻率通過相互交錯的進氣管控制，在低轉速時關閉其中一組，這樣壓力波的頻率減小，與相對較低的進氣頻率剛好吻合，從而可以提高中低轉速的扭力輸出；相反，在高轉速時，閥門打開，這樣壓力波的頻率增大，與較高的進氣頻率吻合，從而可以改善高轉速時的進氣效率。
	可變排氣反壓管	許多新款高性能車上，還採用了可變排氣反壓技術。類似於可變進氣歧管技術，可變排氣反壓技術只不過是針對排氣設計的。普通運動車型上的排氣管從單個汽缸收集到排氣以後匯集到排氣總管，形成一個新的排氣脈衝，形成反向增壓。反向增壓只會在引擎處於某一轉速的時候，才有最好的工作狀態，排氣管的長度決定了它的適用轉速範圍。短的排氣管適合在低轉速時增壓，長的則反之。對於排氣管的長度是固定的引擎，只能將其設計成最適合一個相對折中的轉速。 可變排氣管長度技術使用了兩段不同長度的排氣管，它們通過閥門的開閉互相切換工作，因此它能同時滿足高轉速和低轉速時的功率輸出。

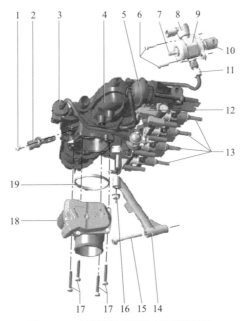

圖2-184　可變進氣歧管（福斯汽車）

1—用於進氣溫度感知器螺栓；2—進氣溫度感知器；3—活性碳罐電磁閥；4—進氣管；
5—真空罐；6—高壓泵的螺栓；7—油箱燃油管路的連接接頭；8—燃油壓力調節閥；
9—機械式單活塞高壓泵；10—軸套；11—連接至輸油管的燃油管路的連接接管（蓄壓管）；
12—進氣翻板控制閥；13—噴射閥；14—進氣管接頭；15—進氣管接頭螺栓；
16—進氣管接頭固定螺帽；17—節氣門控制單元的螺栓；18—節氣門控制單元；19—密封環

（4）進氣減壓分流裝置

 圖解

　　如圖2-185所示，在BMWN55引擎中進氣洩壓分流閥是一個直接由DME
控制的電動執行機構。進氣洩壓分流閥安裝在廢氣渦輪增壓器上可以明
顯減少元件數量。通過進氣洩壓分流閥可以短時使進氣側與壓力側連
通。引擎也可以降低節氣門快速關閉時可能出現的增壓壓力峰值，因此
進氣洩壓分流閥對降低引擎噪音起到了重要作用，並且有助於保護廢氣
渦輪增壓器元件。

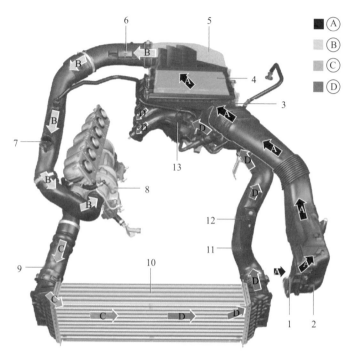

圖2-185 增壓進氣裝置（增壓進氣系統）

A—未過濾空氣；B—潔淨空氣；C—加熱後的增壓空氣；D—冷卻後的增壓空氣；
1—進氣管；2—未過濾空氣管路；3—進氣消音器；4—濾清器元件；5—進氣消音器蓋；
6—熱膜式空氣品質流量計；7—曲軸箱通風裝置接口；8—廢氣渦輪增壓器；
9，11—增壓空氣管；10—增壓空氣冷卻器；12—增壓空氣壓力溫度感知器；13—進氣集氣管

 圖解

　　如圖2-186所示，增壓進氣汽車配置循環進氣減壓系統，該系統針對進氣導管的新布置方案進行了調整。現在兩個循環進氣減壓閥通過一個共用導管將增壓壓力引至進氣消音器的輸出端。

　　循環進氣減壓閥通過一個電動轉換閥（EUV）來控制。

　　根據引擎運行狀態，通過進氣管壓力或真空系統的真空控制循環進氣減壓閥的真空罐。

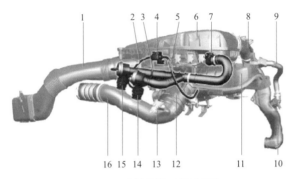

圖2-186 循環進氣減壓系統

1—未過濾空氣管；2—真空泵至EUV的真空管路；3—EUV至循環進氣減壓閥的真空管路；
4—電動轉換閥（EUV）；5—進氣裝置至EUV的真空管路；6—進氣消音器；
7—循環進氣減壓管路接口；8—共用潔淨空氣管；9—增壓運行模式的吹漏氣體管路；
10—汽缸列2未過濾空氣管；11—進氣裝置；12—節氣風門；
13—增壓空氣溫度和壓力感知器；14，15—循環進氣減壓閥；
16—增壓空氣冷卻器後的增壓空氣管

（5）引擎真空系統

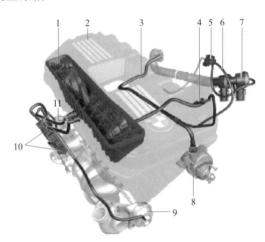

圖2-187 引擎真空系統

1—真空蓄能器；2—引擎蓋板；3—至煞車真空輔助增壓器的真空管路；
4—真空泵至引擎蓋板的真空接口；5—用於控制循環進氣減壓閥的電動轉換閥（EUV）；
6—真空泵至EUV的真空管路；7—循環進氣減壓閥；8—真空泵；9—廢氣旁通閥真空罐；
10—廢氣旁通閥電子氣動壓力轉換器（EPDW）；
11—引擎蓋板至廢氣旁通閥EPDW的真空接口

圖解

　　如圖2-187所示，例如BMW引擎，真空系統使用真空泵，由真空泵產生用於煞車真空輔助增壓器的真空和用於操控廢氣旁通閥的真空。循環進氣減壓閥也通過一個電動轉換閥（EUV）獲得真空。

　　該系統通常有三個真空管路與引擎蓋板相連。其中一個管路用於提供真空泵產生的真空，另外兩個管路用於操控兩個廢氣旁通閥。

2.6.2　排氣系統

（1）廢氣再循環系統

①基本控制原理

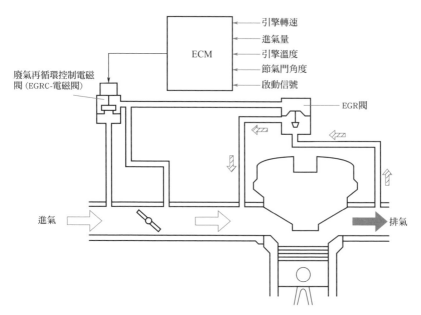

圖2-188　廢氣再循環系統示意

圖解

如圖2-188所示，廢氣再循環減小了行駛過程的NOx排放，這可以通過再循環將廢氣送回燃燒室，從而達到降低燃燒溫度（通過延遲燃油燃燒率）、進而降低氮氧化物（NOx）形成的效果。當EGR閥工作時，它會使廢氣和進氣歧管相連。當需要EGR時ECM操作EGR控制電磁閥（EGRC-電磁）。允許真空到達EGR閥頂部。閥上升，廢氣可以通過再循環回到進氣歧管。當不需要EGR時，ECM切換EGR控制電磁閥，使通向EGR閥的真空管路連接到大氣，閥關閉。

②重要組件　廢氣再循環閥是該系統中最重要的元件，按照控制方式可分為由進氣歧管真空度控制的真空膜片式EGR閥和由引擎ECU控制的電磁式EGR閥（表2-25）。真空膜片式EGR閥能夠實現的EGR率一般在5%～15%之間；電磁式EGR閥則可實現較大EGR率，並且控制更加方便。

表2-25　廢氣再循環閥

組件	內容／圖解	示意圖
真空膜片式EGR閥	真空膜片式EGR閥由進氣歧管真空度控制，真空膜片EGR閥由膜片、彈簧、排桿、錐形閥等組成，膜片上方是密閉的膜片室，進氣歧管的真空與膜片室的真空入口相連，膜片推桿下部安裝有錐形閥，沒有真空作用到膜片室時，膜片上方的彈簧向下壓迫膜片，這時錐形閥位於閥座上，EGR閥關閉。 當引擎啟動後，進氣歧管的真空作用到EGR閥上方的密閉膜片室，膜片推桿將克服彈簧的壓力向上運動，帶動錐形閥向上提起，EGR閥關閉，這時廢氣就可以從排氣管進入進氣歧管。	1—EGR真空入口；2—EGR閥；3—彈簧；4—膜片；5—閥開；6—閥關；7—廢氣

續表

組件	內容／圖解	示意圖
電磁式 EGR閥	電磁式EGR閥由引擎ECM控制，電磁式EGR閥由電磁線圈、電樞、錐形閥、EGR閥開度位置感知器等組成，引擎EGR控制電磁線圈通電，使電樞向上運動帶動錐形閥離開閥座後，廢氣就可以進入進氣歧管。 　　引擎ECU根據冷卻水位置感知器、節氣門位置感知器和空氣流量感知器的輸入信號確定最佳的EGR閥的開啟程度，再通過控制EGR閥電磁線圈的通電PWM脈波信號控制電樞的最佳開啟位置，EGR閥中的開度位置感知器可以迴饋電樞的實際位置，從而可以實現EGR系統的閉迴路控制。	 1—樞軸位置感知器；2—電鈕； 3—排氣進入；4—通往進氣歧管； 5—閥座；6—電磁線圈

③維修舉例　福斯汽車車型廢氣再循環。

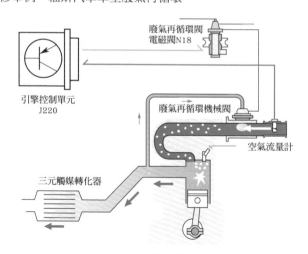

圖2-189　廢氣再循環系統

197

圖解

　　圖2-189所示為廢氣再循環工作原理。

　　由多點噴射繼電器提供N18正極電源，引擎控制單元J220控制N18搭鐵。當N18有電流流通時，閥門將進氣歧管的真空引入廢氣再循環機械閥的真空膜片室，機械閥打開將一定量的廢氣引入汽缸。

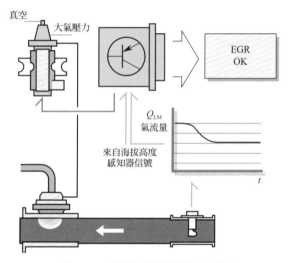

圖2-190　廢氣再循環系統工作示意

圖解

　　如圖2-190所示，廢氣再循環工作時，廢氣再循環控制閥N18接收引擎控制單元J220發出的對應信號，並將其轉化成一個PWM脈波信號，來控制再循環閥的動作。

> **維修提示**　廢氣再循環系統失效影響：廢氣再循環失效會導致廢氣不能再循環，如果機械閥處於打開位置，會使引擎怠速不穩定甚至會導致引擎熄火。

④故障檢查

a. 如果N18出現故障，那麼廢氣再循環系統將停止工作。引擎電腦將監控到對應的故障信息。

b. 如果廢氣再循環閥出現故障，因為是機械閥，所以沒有故障記憶。只能通過常規方法檢查。

c. 廢氣再循環電磁閥N18的正常電阻值在14～20Ω。

d. 檢查廢氣再循環管路。

e. 廢氣再循環機械閥內部容易產生積碳，使其通道受阻或洩漏，清洗後必須更換墊圈。

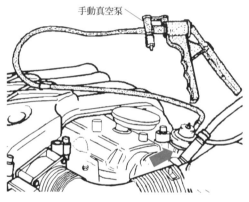

手動真空泵

圖2-191　檢測廢氣再循環機械閥

 圖解

　　圖2-191所示為檢測廢氣再循環機械閥。使用手動真空泵（一種汽修設備）檢測廢氣再循環機械閥，操縱真空泵，膜片應朝真空連接方向移動，將手動真空泵軟管從閥拔開，應聽到閥關閉的聲音，膜片移向排氣管方向。

（2）二次空氣系統

①基本作用　二次空氣系統是降低廢氣排放的機外淨化裝置之一，它通過向廢氣中吹進額外的空氣(二次空氣)，增加其中氧氣的含量。這樣使廢氣中未燃燒的有害物質一氧化碳以及碳氫化合物在高溫環境下再次燃燒。

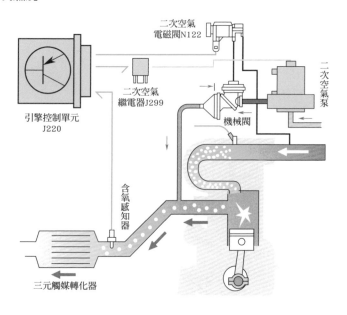

圖2-192　二次空氣系統

圖解

　　如圖2-192所示，二次空氣系統作用：引擎冷啟動階段未燃燒的碳氫化合物及一氧化碳等有害物質排放相對較高，並且此時，三元觸媒反應器尚未達到工作溫度300℃以上，不能工作。如果要達到排放標準，須裝備淨化裝置的二次空氣系統。以降低引擎冷啟動階段有害物質的排放。另一方面，再次燃燒的熱量使三元觸媒反應器很快就達到所需的工作溫度。

②二次空氣系統工作原理

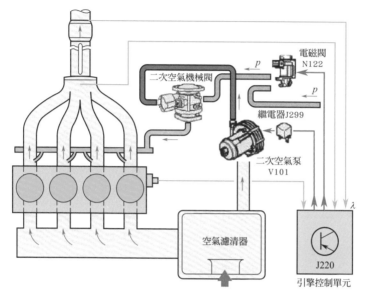

圖2-193　二次空氣系統工作原理示意

 圖解

　　如圖2-193所示，二次空氣系統工作原理：引擎控制單元激活二次空氣系統開始工作，引擎控制單元控制二次空氣進氣閥，並通過壓力p驅動組合閥門開始工作。引擎啟動後經過濾清器的空氣通過二次空氣泵直接被吹到排汽門後，二次空氣泵的電源通過繼電器接通。二次空氣泵的作用是在很短時間內將空氣壓進排汽門後面的廢氣中。二次空氣系統未工作時，熱的廢氣將停止在組合閥門處，阻止進入二次空氣泵。在控制過程中，自診斷系統同時進行檢測。由於廢氣中所含氧氣量的增加導致含氧感知器電壓降低，所以含氧感知器必須處於工作狀態。二次空氣系統正常工作時，含氧感知器將檢測到極稀的混合氣。

③二次空氣噴射條件　引擎啟動後二次空氣噴射時間是由冷卻水溫度來決定的，見表2-26。

表2-26　二次空氣噴射條件

引擎狀態	啟動時冷卻水溫度	二次空氣噴射時間
冷車啟動後	5～33℃	100s
熱車啟動後	33～96℃	10s

維修提示

　　二次空氣系統工作時，不需要檢查含氧感知器信號，二次空氣噴射系統元件可以通過自診斷來檢查。

④故障檢查

二次空氣電磁閥N112和二次空氣機械閥檢查：

　　a.故障診斷儀檢查故障信息，執行元件診斷。

　　b.檢查空氣管路的密封性是否良好；檢查真空軟管是否堵塞或彎折。

　　c.檢查相關線路。

二次空氣繼電器J299和二次空氣泵V101檢查：

　　a.故障診斷儀檢查故障信息，執行元件診斷。

　　b.檢查相關保險絲。

　　c.檢查空氣管路的密封性是否良好；檢查真空軟管是否堵塞或彎折。

　　d.拆下二次空氣泵上的空氣軟管，進行執行元件診斷。二次空氣繼電器吸合，二次空氣泵轉動，出風口有空氣流出。如果沒有出風則二次空氣泵損壞。

（3）渦輪增壓器

①渦輪增壓器結構

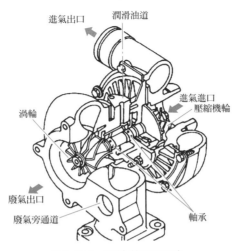

進氣出口

潤滑油道

進氣進口

壓縮機輪

渦輪

廢氣出口

廢氣旁通道

軸承

圖2-194　渦輪增壓器示意

圖2-195　渦輪增壓器實物圖

 圖解

　　圖2-194所示為渦輪增壓器，渦輪增壓器包括一個渦輪和一個壓縮機，二者通過一根軸直接連接，渦輪由廢氣能量驅動軸的旋轉形成了壓縮空氣，壓縮機將壓縮空氣送入汽缸。

　　在工作過程中渦輪增壓器的旋轉達到大約150000r/min的高速。

　　渦輪增壓器實物圖見圖2-195。

②渦輪增壓器基本工作原理

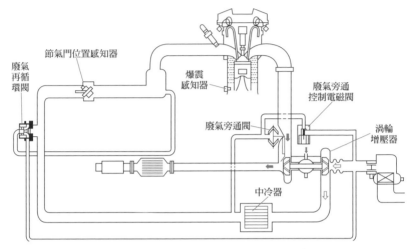

節氣門位置感知器

廢氣
再循
環閥

爆震
感知器

廢氣旁通
控制電磁閥

廢氣旁通閥

渦輪
增壓器

中冷器

圖2-196　渦輪增壓器基本工作原理示意

圖解

　　如圖2-196所示，渦輪增壓裝置其實就是一種空氣壓縮機，通過壓縮空氣來增加引擎的進氣量。

　　渦輪增壓都是利用引擎排出的廢氣慣性衝力來推動渦輪室內的渦輪，渦輪又帶動同軸的葉輪，葉輪壓送由空氣濾清器管道送來的空氣，使之增壓進入汽缸。

　　當引擎轉速增大，廢氣排出速度與渦輪轉速也同步增快，葉輪就壓縮更多的空氣進入汽缸，空氣的壓力和密度增大可以燃燒更多的燃料，對應增加燃料量和調整一下引擎的轉速，就可以增加引擎的輸出功率。

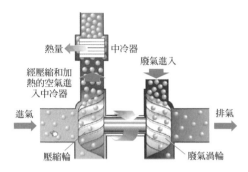

圖2-197　廢氣渦輪增壓器基本原理

 圖解

　　如圖2-197所示，引擎廢氣驅動渦輪轉動，渦輪機帶動壓縮輪轉動，從而增大空氣密度，進入汽缸的空氣量增多，氧含量增加，從而提高燃燒效率，增加引擎功率。

　　引擎廢氣中有一定動能和熱能，利用動能可驅動渦輪增壓器中的渦輪，但廢氣中的熱能會被新鮮空氣吸收，而進氣溫度提高又使增壓的空氣密度減小，所以渦輪增壓器與進氣歧管之間要安裝中冷器，吸入空氣在中冷器中再次被冷卻，從而提高空氣密度。

③渦輪增壓器作用

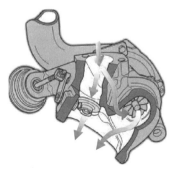

圖2-198　渦輪增壓器吸入空氣示意

圖解

　　如圖2-198所示，通過渦輪增壓系統對吸入的空氣進行壓縮，增大氣體密度，從而，增加每個進氣行程進入燃燒室的空氣量，增加噴油量，提高馬力和扭力，達到提高燃燒效率、提高引擎使用經濟性。

④旁通閥式渦輪增壓器

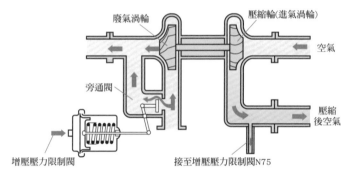

圖2-199　旁通閥式渦輪增壓器

圖解

　　如圖2-199所示，渦輪增壓器存在兩個問題：第一，在引擎轉速很高時，渦輪轉速也很高，進氣壓力超出上限，使空氣量超出需要；第二，引擎轉速很低時達不到渦輪需要的轉速，進氣壓力低於規定下限，使空氣量不能滿足需要，使引擎馬力達不到規定要求，即渦輪遲滯。對此缺點的補救辦法是在渦輪的廢氣通道中增加一條旁通支路。當引擎轉速較高時，部分廢氣走旁通支路而不通過增壓器，從而保證不超過進氣壓力規定上限，進而達到所要求的引擎馬力。旁通支路在引擎怠速時幾乎是關閉的，旁通支路的開閉由真空膜片室控制。

⑤渦輪增壓器的潤滑和冷卻　利用引擎機油泵產生的壓力，機油流經增壓器，為浮動軸承提供油膜支持。渦輪增壓器溫度很高，利用引擎冷卻水流經增壓器進行冷卻。

⑥故障檢查　渦輪增壓系統失效會使增壓壓力失控。

可能出現故障的元件：廢氣渦輪增壓器、增壓壓力限制閥N75、增壓真空膜片室、增壓進氣再循環減壓閥N249、機械式增壓進氣再循環減壓閥和管路。

⑦渦輪增壓器和相關組件裝配　見表2-27。

表2-27　渦輪增壓器裝配

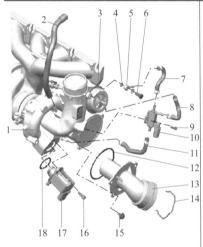

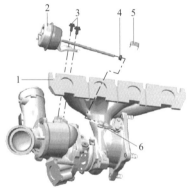

1—廢氣渦輪增壓器；2—至活性碳罐；
3—渦輪增壓器壓力單元；
4，12，18—密封環；5—內接頭；
6—帶孔螺栓；7，8，11—軟管；
9，15，16—螺栓；
10—增壓力限制電磁閥；
13—接頭；14—固定夾；
17—渦輪增壓器進氣循環減壓閥

1—渦輪增壓器；
2—渦輪增壓器壓力單元；
3—螺栓；4—螺帽；
5—防鬆片；6—滾花螺帽

續表

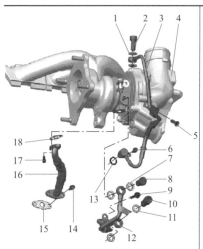

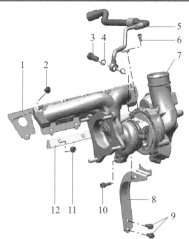

1，7，11—密封環；2，5，6，8～10，14，
17—螺栓；3—機油管路入口；
4—廢氣渦輪增壓器；12—冷卻水供液管路；
13—O形環；15—密封墊；
16—機油回油管；18—密封墊

1—密封墊；2，11—螺帽；
3，6，9，10—螺栓；4—密封環；
5—冷卻水回流管路；
7—廢氣渦輪增壓器；8—支架；
12—固定板

（4）三元觸媒轉化器

①結構及作用

 圖解

　　如圖2-200、圖2-201所示，三元觸媒轉化器主要由殼體、減震層、載體、觸媒器等部分組成。

　　三元觸媒轉化器安裝在排氣系統的歧管和消音器之間，包括一個化學反應室，在這裡將有毒和有害氣體變成害處較小的氣體。三元觸媒轉化器會將引擎排出的大約90%的CO、HC和NOx轉變成CO_2、N_2和H_2O。混合氣空燃比為理論值14.7：1燃燒時觸媒器才會以最大效率工作，為了保持正確的混合比，系統使用帶含氧威知器的閉迴路系統。

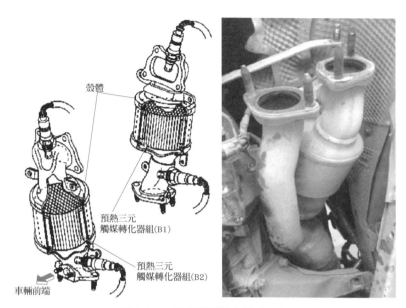

殼體

預熱三元
觸媒轉化器組(B1)

預熱三元
觸媒轉化器組(B2)

車輛前端

圖2-200　三元觸媒轉化器（一）

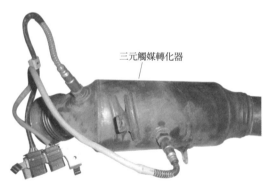

三元觸媒轉化器

圖2-201　三元觸媒轉化器（二）

②三元觸媒轉化器（TWC）故障

a. 引擎排氣不暢。判斷TWC是否發生堵塞和消音器內部隔音板焊口破裂造成排氣不暢的方法很多。最簡單的方法就是將手放到尾管排氣出氣口處，用手感覺排氣尾管的排氣量，如在相同的節氣門開度下，排氣量明顯

小於其他車，說明該引擎排氣不順暢。另一個方法是打開空濾器，拆掉濾芯，急加速時如果有廢氣返流，說明該引擎排氣不暢。檢測TWC是否發生堵塞也可以看含氧感知器觸頭顏色。

①含氧感知器觸頭顏色發黑，說明混合汽過濃，TWC前部被積碳堵塞。

②含氧感知器觸頭顏色發白，說明冷卻水進入燃燒室(冷卻水結晶為白色)，含氧感知器觸頭被冷卻水污染，TWC前部被冷卻水的白色結晶堵塞。

b. 前後含氧感知器輸出電壓和波形的對比。某些引擎TWC前後都裝有含氧感知器，前含氧感知器負責廢氣的開閉迴路控制，後方的負責監測TWC。路試中用解碼器讀數據流，正常情況下前含氧感知器輸出電壓在0～1V之間交替快速變化(8次/10s以上)。由於TWC在淨化廢氣時消耗掉了廢氣中的氧氣，使後含氧感知器輸出電壓信號波形變化很緩慢，是接近於一條0.5V的直線，則表明TWC工作良好。TWC已將95%左右的廢氣轉化為無害物質，其突出的表現就是經過TWC轉化後氧含量明顯減少了。

如果前、後兩個含氧感知器的輸出電壓完全一樣，說明TWC已經失效，失去了對廢氣的淨化作用，已不再消耗氧氣，所以TWC前後的氧氣量沒有變化，必須更換TWC。

c. 用紅外線測溫儀檢測TWC的前後溫差。汽車行駛中正常的TWC在正常工作溫度下，出氣口溫度至少比進氣口溫度高出38℃，在怠速時出氣口溫度比進氣口溫度也應高出10℃以上。

在熱車狀態下，舉升汽車，用紅外線測溫儀檢測TWC進氣口和出氣口的溫度，如果溫差不足10℃，說明TWC內部堵塞嚴重，必須更換。

d. 怠速時進氣道內真空度過低。怠速時進氣道內真空度應較高，從進氣道上拔下任意一個真空軟管，用手指封住，應感覺到明顯的真空吸力；如真空度過低，感覺不到明顯的真空吸力。

如果引擎怠速運轉穩定，說明進氣系統沒有任何洩漏點，因為進氣系統洩漏，怠速轉速會出現向高怠速的漂移，最大的可能性是排氣系統不暢通，TWC內部更容易被積碳堵塞。

e. TWC堵塞會造成廢氣迴流。打開空氣濾清器上蓋，猛踩油門踏板，廢氣會從空氣濾清器中冒出。引擎工作狀態下用廢氣分析儀檢測空氣濾清器氣流入口處，可以測到HC。所以TWC堵塞後如不及時更換，會使空氣流量感知器熱絲或熱膜上產生積垢，會造成混合氣過稀的故障，廢氣不能及時排出。TWC堵塞除了車速上不去，嚴重時啟動不易發動，通常引擎熱車時怠速還不如冷車時的快怠速穩定，冷車怠速尚可以，熱車怠速不穩，急加速時廢氣從空濾器進氣口回流，廢氣氣味嗆人。

（5）燃油箱帶有加油過量保護功能的運行排氣閥

通過帶有加油過量保護功能的運行排氣閥可在運行期間進行排氣，此外還具備翻車保護功能。

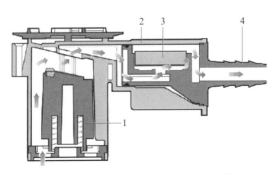

圖2-202　帶有加油過量保護功能的運行排氣閥

1一浮子／翻車保護閥；2一殼體；3一圓盤；4一接口

圖解

　　如圖2-202所示，一個特點在於集合了加油過量保護功能，因此在帶有加油過量保護功能的運行排氣閥中裝有一個可通過自身重量關閉通風孔的圓盤。加注燃油時通過燃油箱中以及氣流產生的高壓使圓盤升高，從而實現加注排氣閥的功能。

維修提示

　　如果此時加注排氣閥的浮子隨油位一起上升且通風孔關閉，燃油加注管內的燃油就會升高使加油槍關閉。

　　燃油箱內的燃油恢復穩定狀態且油位稍稍下降時，浮子將不再檔住加注通風孔。

　　此時可再添加少許燃油。通過圓盤來防止繼續加注燃油。因為單位時間內僅加注少量燃油不能達到圓盤的開啟壓力，這樣就不能釋放空氣，燃油加注管中的油位會再次升高，加油槍會重新關閉。

　　運行期間，壓力隨溫度一起上升。燃油箱加滿時（油位高於運行排氣閥）達到的壓力超過環境壓力約55mbar**❶**，此時可將圓盤托起，從而通過燃油分離閥釋放壓力。帶出的燃油收集在燃油分離閥中並在燃油泵運行期間重新吸入。

❶ 1mbar=100Pa。

維修提示 ✕	通過這種方式即使在燃油箱加滿時也可進行排氣，不會存在加油過量的危險。

第3章

手排變速箱維修

汽車維修技能　全程圖解

QICHE WEIXIU JINENG QUANCHENG TUJIE

3.1

離合器的維修

3.1.1　離合器基本結構原理

（1）離合器作用

手動變速的車輛可以通過操作離合器踏板來接通和斷開引擎的動力。

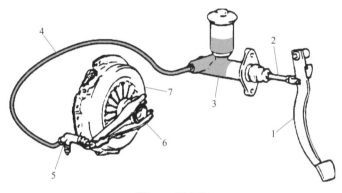

圖3-1　離合器

1—離合器踏板；2—推桿；3—總泵；4—液壓軟管；5—分泵；6—釋放叉；7—離合器蓋板

 圖解

如圖3-1所示，

①離合器的作用是使引擎與變速箱之間能逐漸接合，從而保證汽車平穩起步。

②暫時切斷引擎與變速箱之間的連接，以便於換檔和減少換檔時的衝擊。

③當汽車緊急煞車時能起分離作用，防止變速箱等傳動系統過載，從而起到一定的保護作用。

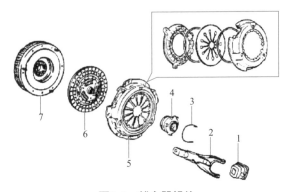

圖3-2　離合器組件

1—護套；2—釋放叉；3—夾頭；4—釋放軸承；5—離合器蓋盤及壓板；
6—離合器片；7—飛輪

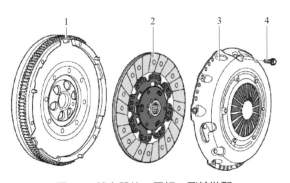

圖3-3　離合器片、壓板、飛輪裝配

1—飛輪；2—離合器片；3—離合器蓋盤及壓板；4—螺栓

圖解

　　如圖3-2、圖3-3所示，在離合器的各個配件中，彈簧的強度、離合器片的摩擦係數、離合器的直徑、離合器片的位置以及離合器的數目是決定離合器性能的關鍵因素。彈簧的強度越大，離合器片的摩擦係數越高，離合器的直徑越大，離合器性能也就越好。

（2）離合器原理

 圖解

　　如圖3-4、圖3-5所示，離合器分兩個部分，一部分通過機械運動傳送動力，另一部分利用液壓傳送動力。

　　離合器分為三個工作狀態，即踩下離合器的不接合，不踩下離合器的完全接合，以及部分踩下離合器的半接合。第一，當車輛起步時，駕駛踩下離合器，離合器踏板的運動拉動壓板向後靠，也就是壓板與離合器片分離，此時壓板與飛輪完全不接觸，也就不存在相對摩擦。第二，當車輛在正常行駛時，壓板是緊緊擠靠在飛輪的離合器片上的，此時壓板與摩擦片之間的摩擦力最大，輸入軸和輸出軸之間保持相對靜摩擦，二者轉速相同。第三，離合器的半接合狀態，壓板與離合器片的摩擦力小於完全接合狀態。此時，離合器壓板與飛輪上的離合器片之間是滑動摩擦狀態，飛輪的轉速大於輸出軸的轉速，從飛輪傳輸出來的動力部分傳遞給變速箱。這種狀態下，引擎與驅動輪之間相當於一種半連接狀態。

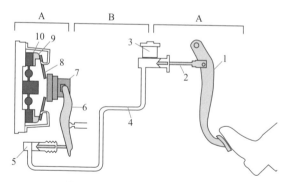

圖3-4　離合器運行流程（一）

A—機械操作；B—液壓操作；1—離合器踏板；2—推桿；3—總泵；4—液壓軟管；5—分泵；
6—釋放叉；7—釋放軸承；8—膜片彈簧；9—壓板；10—離合器片

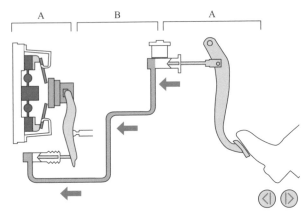

圖3-5　離合器運行流程（二）

　　離合器是在車輛起步和換檔的時候發揮作用，此時變速箱的離合器軸（輸入軸）和主軸（輸出軸）之間存在轉速差，必須將引擎的動力與離合器軸切開以後，同步器才能很好地將離合器軸的轉速保持與主軸同步。檔位掛進以後，再通過離合器將離合器軸與引擎動力結合，使動力繼續得以傳輸。在離合器中，還有一個不可或缺的緩衝裝置。它由兩個類似於飛輪的圓盤對在一起，在圓盤上打有矩形凹槽，在凹槽內布置彈簧，在遇到激烈的衝擊時，兩個圓盤之間的彈簧相互發生彈性作用，緩衝外部刺激，有效地保護了引擎和離合器。

3.1.2　離合器分解與組合（表3-1）

表3-1　離合器分解與組合（捷達舉例）

步驟	維修操作技術要領／圖解	圖示
第一步	拆卸： ①拆下變速箱，鬆開螺栓時使用飛輪定位工具（3067）。 ②沿對角逐步鬆開螺栓，並將其拆下。取下壓板和離合器片。	3067

續表

步驟	維修操作技術要領／圖解	圖示
第二步	安裝： ①檢查汽缸體中是否存在用於引擎和變速箱定心的定位套，如有必要，進行安裝。 ②如果沒有定位套，便會出現換檔困難、離合器故障和可能會產生離合器噪音（鬆動輪子的嘎嘎聲）。 ③離合器片的安裝位置，標記「變速箱側」總是朝向壓板和變速箱。	
第三步	④檢查彈簧末端，允許彈簧箭頭磨損不超過原厚度的1/2	
第四步	⑤檢查彈簧連接和鉚釘連接，檢查壓板和蓋板之間的彈簧連接是否有裂紋，檢查鉚釘連接，是否牢固。必須更換彈簧連接損壞的或鉚釘連接鬆動的壓板。	
第五步	⑥將壓板和離合器片用對中心假軸（3190A）安裝到飛輪上。 ⑦用手均勻地旋入所有的螺栓，直至螺栓頭緊貼壓板。 ⑧用定位工具（3067）固定飛輪。沿對角逐步鎖緊定螺栓，以防止損壞壓板的對中孔和雙質量飛輪的對中銷。	 3190A 3067

3.1.3　離合器故障

（1）離合器打滑故障

　①造成離合器打滑的原因

　　a. 離合器片磨損過度或鉚釘外露；

　　b. 離合器蓋盤及壓板彈簧過軟或折斷；

　　c. 離合器踏板自由行程過小；

　　d. 離合器片上有油污或老化變硬；

　　e. 離合器與飛輪接合螺栓鬆動；

　　f. 離合器總泵回油孔堵塞。

　②故障排除程序

　　a. 檢查踏板自由行程，如不符合標準值，應予以調整；

　　b. 如果自由行程正常，應拆下離合器底蓋，檢查離合器蓋板與飛輪
　　　接合螺栓是否鬆動，如有鬆動，應予鎖緊；

　　c. 察看離合器片的邊緣是否有油污甩出，如有油污應拆下用汽油或
　　　鹼水清洗並烘乾，然後找出油污來源並排除；

　　d. 如發現離合器片嚴重磨損、鉚釘外露、老化變硬、燒損以及被油
　　　污浸透等，應更換新片；

　　e. 檢查離合器總泵回油孔，如回油孔堵塞應予以疏通；

　　f. 離合器蓋盤及壓板故障。

（2）離合器分離不徹底故障

　①汽車起步時，將離合器踏板踩下去，超過自由行程，卻仍感到入檔困
　難；如果是強行入檔，但是還沒有完全抬起離合器踏板，車就前進或後
　移，並導致引擎熄火。

　②行駛中換檔困難，或入不上檔，變速箱內發生齒輪的撞擊聲。

　　發生離合器分離不徹底的主要原因：

　　a. 離合器踏板自由行程太大；

　　b. 釋放槓桿內端不在同一平面上，個別釋放槓桿變形、折斷、磨損
　　　嚴重；

　　c. 離合器片翹曲，鉚釘鬆脫，或者更換的新離合器片過厚；

d. 離合器片裝反；

e. 離合器片滑槽轂和變速箱離合器軸齒間隙過小或卡住，造成移動困難。

3.2

變速箱的維修

3.2.1　變速箱基本結構原理

（1）變速箱作用及原理

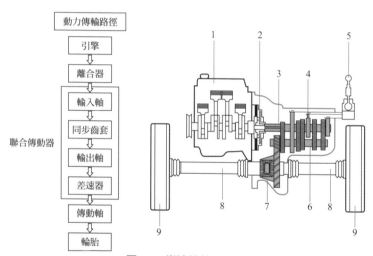

圖3-6　變速箱基本工作原理

1—引擎；2—離合器；3—輸入軸；4—同步齒套；5—排檔桿；
6—輸出軸；7—差速器；8—傳動軸；9—輪胎

 圖解

　　如圖3-6所示，變速箱能接通並斷開動力並改變嚙合齒輪的組合。因此它能改變動力的扭力、轉速和旋轉方向。

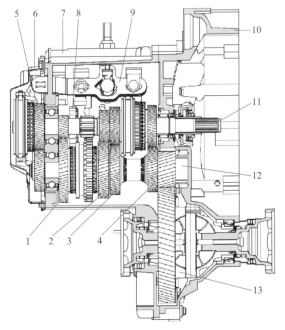

圖3-7 變速箱及元件剖視圖

1—1檔齒輪；2—2檔齒輪；3—3檔齒輪；4—4檔齒輪；5—5檔齒輪；
6—變速箱殼體罩蓋；7—變速箱殼體；8—倒檔齒輪；9—換檔機構；
10—離合器殼體；11—輸入軸；12—輸出軸；13—差速器

圖解

　　如圖3-7所示，變速箱是由不同齒比的齒輪組構成的，它工作的基本原理就是通過切換不同的齒輪組，來實現齒比的變換。作為分配動力的關鍵環節，變速箱必須有動力輸入軸和輸出軸這兩大件，再加上構成變速箱的齒輪，就是一個變速箱最基本的組件。動力輸入軸與離合器相連，從離合器傳遞來的動力直接通過輸入軸傳遞給齒輪組，齒輪組是由直徑不同的齒輪組成的，不同的齒輪比所達到的動力傳輸效果是完全不同的，平常駕駛中的換檔也就是指換齒輪比。

（2）差速器作用及原理

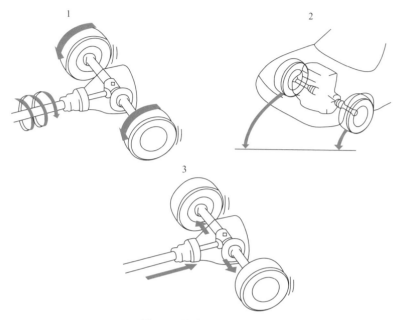

圖3-8　差速器功能示意

1—減速功能；2—差速功能；3—驅動力方向改變功能

圖解

圖3-8所示為差速器功能示意。

①減速功能：進一步降低轉速，其經過變速箱變換以增加扭力。

②差速功能：此功能是在汽車轉彎時調整左／右輪之間的旋轉差速。沒有差速功能，輪胎將打滑，車輪也不可能順利地完成轉彎動作。

③驅動力方向改變功能：此功能成直角地改變來自變速箱的轉動力並將其傳送到驅動輪。

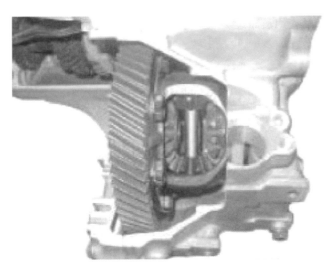

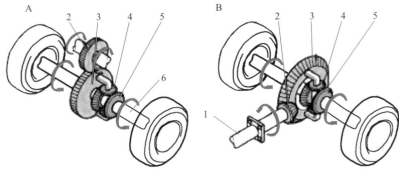

圖3-9　差速器工作原理示意

A—FF（引擎前置／前輪驅動車輛）；B—FR（引擎前置／後輪驅動車輛）；

1─傳動軸；2─驅動齒輪／角尺齒輪；3─環齒輪／盆形齒輪；

4─差速小齒輪；5─邊齒輪；6─驅動軸

 圖解

　　如圖3-9所示，差速齒輪包括2個邊齒輪和4個差速小齒輪。這些齒輪在汽車轉彎時自動調節左／右輪之間的旋轉速差。

3.2.2 變速箱分解與組合

(1) 變速箱總成（圖 3-10、圖 3-11）

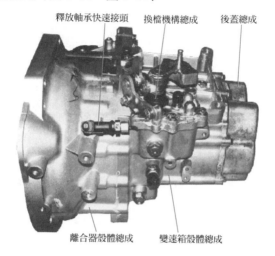

釋放軸承快速接頭　換檔機構總成　後蓋總成

離合器殼體總成　　變速箱殼體總成

圖3-10　變速箱總成（一）

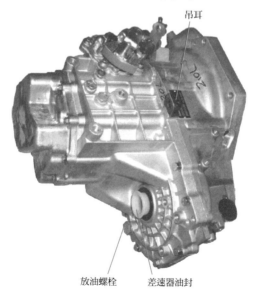

吊耳

放油螺栓　差速器油封

圖3-11　變速箱總成（二）

（2）變速箱的分解步驟及注意事項（圖 3-12 ～圖 3-38）

圖3-12　變速箱分解（一）

圖3-13　變速箱分解（二）

 圖解

如圖3-12所示，將變速箱放上工作台，打開放油螺塞，旋轉變速箱，將油放淨。

如圖3-13所示，拆開連接釋放軸承的卡子(不需拆下)。

圖3-14　變速箱分解（三）

圖3-15　變速箱分解（四）

 圖解

如圖3-14所示，拆下液壓釋放軸承座及釋放軸承快速接頭。

如圖3-15所示，分離接頭總成。

圖3-16　變速箱分解（五）

圖3-17　變速箱分解（六）

 圖解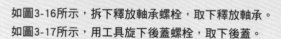

如圖3-16所示，拆下釋放軸承螺栓，取下釋放軸承。

如圖3-17所示，用工具旋下後蓋螺栓，取下後蓋。

倒檔同步環

圖3-18　變速箱分解（七）

圖3-19　變速箱分解（八）

 圖解

如圖3-18所示，直接取出倒檔同步環。

如圖3-19所示，掛入一個前進檔，然後將圖中箭頭所指的彈性鎖銷衝去，再將5檔撥叉及齒輪向下移動，待輸入軸同輸出軸相互鎖死時，用套筒逆時針旋下5檔被動齒輪鎖定螺帽。

維修
提示

　　注意，也可先掛上5檔，將細銅棒（或其他硬度較低金屬棒）放在5檔主、被動齒輪之間，用套筒扳手逆時針旋下5檔被動齒輪鎖定螺帽。

圖3-20　變速箱分解（九）

圖3-21　變速箱分解（十）

圖解

　　如圖3-20所示，與圖3-19同樣方法，用套筒扳手逆時針旋下5檔主動齒輪鎖定螺帽。

　　如圖3-21所示，用衝子衝出彈性鎖銷；掛入倒檔，取出5檔檔撥叉。

圖3-22　變速箱分解（十一）

圖3-23　變速箱分解（十二）

圖解

如圖3-22所示，取出5檔同步器，及5檔主、被動齒輪。
如圖3-23所示，取下滾針軸承。

圖3-24　變速箱分解（十三）

圖3-25　變速箱分解（十四）

 圖解

如圖3-24所示，用內六角套筒旋下軸承檔板螺栓，取下軸承檔板。
如圖3-25所示，用擴張鉗取出輸出軸後軸承卡環。

圖3-26　變速箱分解（十五）

圖3-27　變速箱分解（十六）

圖解

如圖3-26所示，取出輸入軸後軸承調整墊片及卡環。

如圖3-27所示，旋下操縱機構殼體螺栓。

圖3-28　變速箱分解（十七）

圖3-29　變速箱分解（十八）

 圖解

如圖3-28所示，旋下定位塞。

如圖3-29所示，旋下倒車燈開關，此時可直接把操縱機構總成從變速箱殼體中拔出。

圖3-30　變速箱分解（十九）

圖3-31　變速箱分解（二十）

圖解

　　如圖3-30所示，旋出圖中三個定位螺栓：叉軸定位座1一5檔、倒檔，叉軸定位座2一3、4檔，叉軸定位座3一1、2檔，注意其中叉軸定位座3長度較大。

　　如圖3-31所示，用內六角套筒旋下螺栓（惰輪齒輪軸螺栓）。

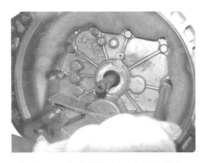

圖3-32　變速箱分解（二十一）　　　　圖3-33　　變速箱分解（二十二）

圖解

　　如圖3-32所示，旋下變速箱殼體螺栓。

　　如圖3-33所示，旋下離合器殼體螺栓。

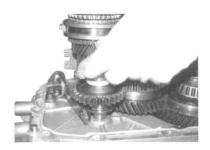

圖3-34　變速箱分解（二十三）　　　　圖3-35　　變速箱分解（二十四）

圖解

　　如圖3-34所示，兩手抬起變速箱殼體（有條件的維修廠可以配置一台變速箱維修台架，這樣可以直接把變速箱固定在維修台架上，省去兩手抬起變速箱殼體），將變速箱總成懸空，用銅棒敲輸入軸和輸出軸，將變速箱殼體和5檔軸套取下。

　　如圖3-35所示，取下倒檔惰輪總成。

圖3-36　變速箱分解（二十五）

圖3-37　變速箱分解（二十六）

圖解

　　如圖3-36所示，旋出倒檔撥叉機構總成螺栓，取下倒檔撥叉。

　　如圖3-37所示，用擴張鉗取下開口卡環。

圖3-38　變速箱分解（二十七）

圖解

　　如圖3-38所示，雙手握住輸入軸總成、輸出軸總成及1檔、2檔、3檔、4檔、5檔、倒檔叉軸，將其一起取出，最後取出差速器總成。

（3）差速器的拆卸步驟及事項（圖 3-39 ～圖 3-50）

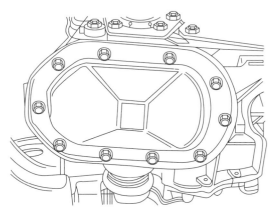

圖3-39　差速器拆卸（一）

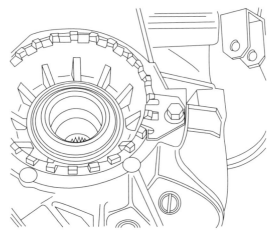

圖3-40　差速器拆卸（二）

圖解

如圖3-39所示，拆卸差速器蓋螺栓、差速器蓋和差速器蓋襯墊。

如圖3-40所示，拆卸軸承調節環固定板螺栓和軸承調節環固定板。

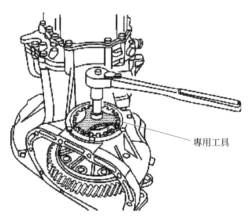

專用工具

圖3-41　差速器拆卸（三）

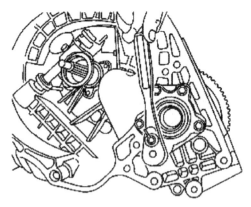

圖3-42　差速器拆卸（四）

圖解

如圖3-41所示,用專用工具拆卸軸承調節環。

如圖3-42所示,拆卸右側軸承固定螺栓和右側軸承固定器。

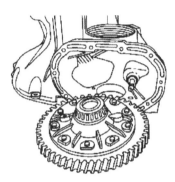

圖3-43 差速器拆卸(五)　　圖3-44 差速器拆卸(六)

 圖解

如圖3-43所示,從變速聯合傳動器殼體上拆卸差速器總成。

如圖3-44所示,拆卸齒圈螺栓。

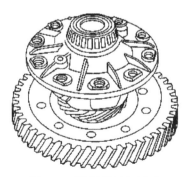 

圖3-45 差速器拆卸(七)　　圖3-46 差速器拆卸(八)

圖解

　　如圖3-45所示，從差速器殼體上拆下齒圈。
　　如圖3-46所示，從差速器殼體和錐形差速小齒輪軸上衝出錐形差速小齒輪軸鎖銷。

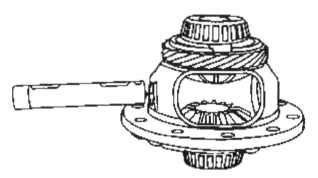

圖3-47　差速器拆卸（九）

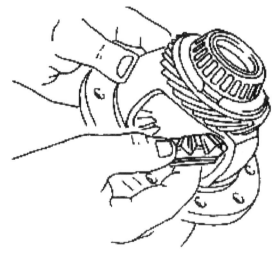

圖3-48　差速器拆卸（十）

圖解

　　如圖3-47所示，拆卸錐形差速小齒輪軸。

　　如圖3-48所示，拆卸錐形差速小齒輪和墊圈，拆卸驅動軸邊齒輪和側止推墊圈。

專用工具

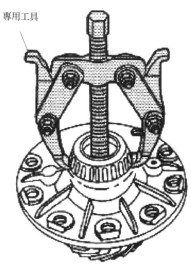

圖3-49　差速器拆卸（十一）

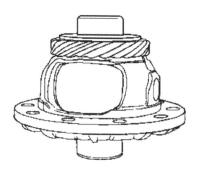

圖3-50　差速器拆卸（十二）

圖解

如圖3-49所示，用專用工具拆卸兩個差速器軸承。
如圖3-50所示，從差速器齒輪殼體上拆卸里程表主動齒輪。

3.2.3 變速箱故障（表3-2）

表3-2 變速箱故障診斷

檢查項目		排除方法或措施
變速箱噪音的檢查	檢查低速是否發出爆震聲	更換磨損的聯合傳動器或最終減速機構等速萬向接頭。 更換磨損的驅動軸邊齒輪轂。
	檢查噪音是否在轉彎時最明顯	排除差速器齒輪中的任何異常現象。
	檢查加速或減速時是否有沉悶的金屬聲	鎖緊鬆動的引擎支座。 更換磨損的聯合傳動器內側萬向接頭。 更換殼體中磨損的差速錐形差速小齒輪軸。 更換殼體中磨損的驅動軸邊齒輪轂。
	檢查是否在轉彎時出現沉悶的金屬聲	更換磨損的等速萬向接頭。
	檢查是否有震動	更換粗糙的車輪軸承。 更換彎曲的驅動軸。 更換驅動軸中磨損的等速萬向接頭。
	在引擎運行時，檢查空檔是否有噪音	更換磨損的齒輪組支承軸。 更換磨損的離合器釋放軸承。 更換磨損的輸入軸齒輪組。 更換磨損的1檔齒輪／軸承。 更換磨損的2檔齒輪／軸承。 更換磨損的3檔齒輪／軸承。 更換磨損的4檔齒輪／軸承。 更換磨損的5檔齒輪／軸承。 更換磨損的主軸軸承。
	檢查僅在1檔時出現的噪音	更換碎裂、擦傷或磨損的1檔常嚙合齒輪。 更換磨損的1、2檔同步器。 更換磨損的1檔齒輪／軸承。 更換磨損的差速器齒輪／軸承。 更換磨損的齒圈。 調整、修理或更換換檔控制桿和各拉桿。

檢查項目		排除方法或措施
變速箱噪音的檢查	檢查僅在2檔時出現的噪音	更換碎裂、擦傷或磨損的2檔常嚙合齒輪。 更換磨損的1、2檔同步器。 更換磨損的2檔齒輪／軸承。 更換磨損的差速器齒輪／軸承。 更換磨損的齒圈。 調整、修理或更換換檔控制桿和各拉桿。
	檢查僅在3檔時出現的噪音	更換碎裂、擦傷或磨損的3檔常嚙合齒輪。 更換磨損的3、4檔同步器。 更換磨損的3檔齒輪／軸承。 更換磨損的差速器齒輪／軸承。 更換磨損的齒圈。 調整、修理或更換換檔控制桿和各拉桿。
	檢查僅在4檔時出現的噪音	更換碎裂、擦傷或磨損的4檔齒輪或輸出齒輪。 更換磨損的3、4檔同步器。 更換磨損的4檔齒輪／軸承。 更換磨損的差速器齒輪／軸承。 更換磨損的齒圈。 調整、修理或更換換檔控制桿和各拉桿。
	檢查僅在5檔時出現的噪音	更換碎裂、擦傷或磨損的5檔齒輪或輸出齒輪。 更換磨損的5檔同步器。 更換磨損的5檔齒輪／軸承。 更換磨損的差速器齒輪／軸承。 更換磨損的齒圈。 調整、修理或更換換檔控制桿和各拉桿。
	檢查僅在倒檔時出現的噪音	更換碎裂、擦傷或磨損的倒檔惰輪、惰輪軸套、輸入齒輪或輸出齒輪。 更換磨損的1、2檔同步器。 更換磨損的輸出齒輪。 更換磨損的差速器齒輪／軸承。 更換磨損的齒圈。
	檢查在所有檔位上都出現的噪音	添加足夠的潤滑油。 更換磨損的軸承。 更換碎裂、擦傷或磨損的輸入齒輪軸或輸出齒輪軸。

續表

檢查項目		排除方法或措施
檢查 跳檔	檢查變速箱是否跳檔	必要時，調整或更換連桿機構。 調整、修理或更換卡滯的換檔連桿機構。 必要時，鎖緊或更換輸入齒輪軸承護圈。 修理或更換磨損或彎曲的換檔撥叉。
檢查換檔 困難	檢查換檔是否困難	更換損壞的釋放軸承導向套。 調整、修理或更換換檔機構。 調整、修理或更換離合器分離系統。 更換碎裂、擦傷或磨損的5檔同步器。 更換碎裂、擦傷或磨損的1、2檔同步器。 更換磨損的3、4檔同步器。 調整、修理或更換換檔控制桿和各拉桿。
檢查洩漏	檢查聯合傳動器中心是否洩漏	修理聯合傳動器殼體。 修理換檔機構。 更換損壞的倒車燈開關。
	檢查離合器部位是否洩漏	修理聯合傳動器殼體。 更換損壞的釋放軸承導向套。
檢查齒輪 碰撞	檢查各齒輪是否碰撞	更換損壞的釋放軸承導向套。 調整、修理或更換離合器分離系統。 更換碎裂、擦傷或磨損的輸入軸／齒輪-齒輪組。 更換磨損的5檔同步器。 更換磨損的5檔齒輪／軸承。 更換磨損的1檔齒輪／軸承。 更換磨損的1、2檔同步器。 更換磨損的2檔齒輪／軸承。 更換磨損的3檔齒輪／軸承。 更換磨損的3、4檔同步器。 更換磨損的4檔齒輪／軸承。 更換磨損的倒檔惰輪。

第**4**章

自動變速箱維修

汽車維修技能 全程圖解

QICHE WEIXIU JINENG QUANCHENG TUJIE

4.1

自動變速箱基本結構原理

4.1.1 基本作用及控制

　　自動變速箱之所以能夠實現自動換檔是因為駕駛踏下油門的位置或引擎進氣歧管的真空度和汽車的行駛速度能控制自動換檔系統工作，自動換檔系統中各控制閥不同的工作狀態將控制行星齒輪組中離合器的分離與結合和制動器的束緊與釋放，並改變變速齒輪機構的動力傳遞路線，實現變速箱檔位的變換。

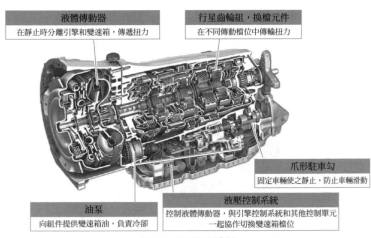

液體傳動器	行星齒輪組，換檔元件
在靜止時分離引擎和變速箱，傳遞扭力	在不同傳動檔位中傳輸扭力

爪形駐車勾
固定車輪使之靜止，防止車輛滑動

油泵
向組件提供變速箱油，負責冷卻

液壓控制系統
控制液體傳動器，與引擎控制系統和其他控制單元一起協作切換變速箱檔位

圖4-1　自動變速箱

 圖解

　　如圖4-1所示，自動變速箱由行星齒輪組、電子控制系統、液壓裝置等組成。

4.1.2 電控自動變速箱基本原理

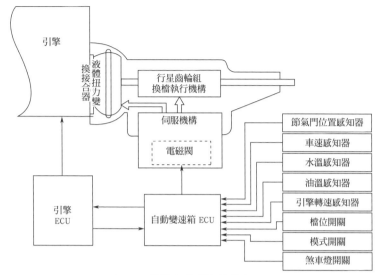

圖4-2 電控自動變速箱基本原理

 圖解

　　如圖4-2所示，自動變速箱包括液體扭力變換接合器、行星齒輪組和液壓控制系統。其利用液壓力根據車速、節氣門開度和排檔桿位置而自動變換檔位。在自動變速箱中不需要變換齒輪，沒有配備離合器。感知器根據探測到的行駛條件調節換檔。

4.1.3 基本組成

　　自動變速箱的外部形狀和內部結構也有所不同，但其組成基本相同，都是由液體扭力變換接合器和行星齒輪組自動變速箱組合起來的。常見的組成部分有液體扭力變換接合器、行星齒輪組、離合器、制動器、油泵、濾清器、管道、控制閥體、速度調壓器等，按照這些元件的功能，可將它們分成液體扭力變換接合器、行星齒輪機構、供油系統、自動換檔控制系統和換檔操縱機構五大部分。自動變速箱組成見表4-1。

表4-1　自動變速箱組成

機構名稱		功用說明	機構組成元件
液體扭力變換接合器		液體扭力變換接合器位於自動變速箱的最前端，安裝在引擎的飛輪上，其作用與採用手排變速箱的汽車中的離合器相似。它利用油液循環流動過程中動能的變化將引擎的動力傳遞給自動變速箱的輸入軸，並能根據汽車行駛阻力的變化，在一定範圍內自動地、無段地改變減速比和扭力比，具有一定的減速增轉功能。	泵輪、渦輪、導輪等。
行星齒輪機構		行星齒輪機構是實現變速的機構，減速比的改變是通過以不同的元件作主動件和限制不同元件的運動而實現的。在減速比改變的過程中，整個行星齒輪組還存在運動，動力傳遞沒有中斷，因而實現了動力換檔。	離合器、行星齒輪機構、制動器、單向離合器。
供油系統		在引擎運轉時，不論汽車是否行駛，油泵都在運轉，為自動變速箱中的液體扭力變換離合器、換檔執行機構、自動換檔控制系統部分提供一定油壓的液壓油。油壓的調節由調壓閥來實現。	油泵、濾清器、調壓閥、管道等。
自動換檔控制系統	液壓控制系統	根據手動閥的位置及節氣門開度、車速、控制開關的狀態等因素，利用液壓自動控制原理，按照一定的規律控制行星齒輪變速箱中的換檔執行機構的工作，實現自動換檔。	液壓控制閥、油路。
	電子控制系統	通過電磁閥控制換檔執行機構工作，實現自動換檔功能。	自動變速箱電腦、感知器、電磁閥等。

4.1.4　換檔基本原理

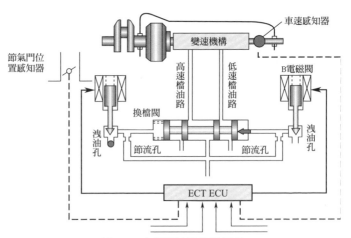

圖4-3　自動變速箱換檔原理

244

圖解

　　如圖4-3所示，引擎啟動後，當排檔桿撥到前進檔位置時，變速箱電腦便根據駕駛所需動力選擇開關工作狀態並選擇對應的換檔規律，並根據節氣門開度和車速等信號自動控制變速箱換檔時機和液體扭力變換接合器鎖定時機。車速感知器、節氣門位置感知器和控制開關信號隨時輸入變速箱電腦，輸入A/D轉換電路對這些信號進行處理，轉換成CPU能夠識別的數位信號，CPU按照一定頻率對其進行採樣，並將採樣信號與預先存儲在存儲器ROM中的換檔參數進行比較運算或邏輯判斷，從而確定是否換檔和鎖定液體扭力變換接合器。當採樣得到的車速信號、節氣門開度信號和控制信號與最佳換檔參數或鎖定參數一致並確定升檔或降檔以及鎖定液體扭力變換接合器時，CPU便向電磁閥發出控制指令，控制換檔執行機構換檔或鎖定液體扭力變換接合器。電磁閥控制換檔閥動作，換檔閥移動就會改變換檔離合器和制動器的油路，從而實現自動換檔。

4.1.5　換檔控制

　　換檔控制即控制自動變速箱的換檔時刻，也就是在汽車達到某一車速時，讓自動變速箱升檔或降檔。它是自動變速箱電腦最基本的控制內容。自動變速箱的換檔時刻（即換檔車速，包括升檔車速和降檔車速）對汽車的動力性和燃料經濟性有很大影響。對於汽車的某一特定行駛狀況來說，有一個與之相對應的最佳換檔時機或換檔車速。電腦應使自動變速箱在汽車任何行駛條件下都按最佳換檔時刻進行換檔，從而使汽車的動力性和燃料經濟性等各項指標達到最優。

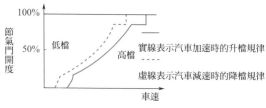

圖4-4　自動換檔控制示意（一）

圖解

　　如圖4-4所示，汽車的最佳換檔車速主要取決於汽車行駛時的節氣門開度。不同節氣門開度下的最佳換檔車速可以用自動換檔圖來表示。由圖中可知，節氣門開度越小，汽車的升檔車速和降檔車速越低；反之，節氣門開度越大，汽車的升檔車速和降檔車速越高。這種換檔規律十分符合汽車的實際使用要求。例如，當汽車在良好的路面上緩慢加速時，行駛阻力較小，油門開度也小，升檔車速可對應降低，即可以較早地升入高檔，從而讓引擎在較低的轉速範圍內工作，減少汽車油耗；反之，當汽車急加速或上坡時，行駛阻力較大，為保證汽車有足夠的動力，油門開度應較大，換檔時刻對應延遲，也就是升檔車速對應提高，從而讓引擎工作在較高的轉速範圍內，以發出較大的功率，提高汽車的加速和爬坡能力。

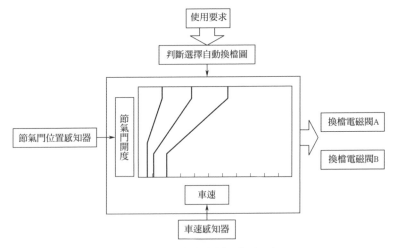

圖4-5　　自動換檔控制示意（二）

圖解

　　如圖4-5所示，汽車自動變速箱的排檔桿或模式開關處於不同位置時，對汽車的使用要求也有所不同，因此其換檔規律也應作對應的調整。電腦將汽車在不同使用要求下的最佳換檔規律以自動換檔圖的形式儲存在存儲器中。在汽車行駛中，電腦根據檔位開關和模式開關的信號從存儲器內選擇出對應的自動換檔圖，再將車速感知器與節氣門位置感知器測得的車速、節氣門開度與自動換檔圖進行比較，根據比較結果，在達到設定的換檔車速時，電腦便向換檔電磁閥發出電信號，以實現檔位的自動變換。

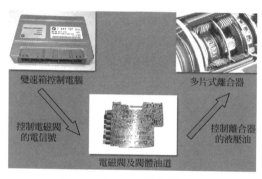

變速箱控制電腦　　　　　　　　　　　多片式離合器

控制電磁閥
的電信號　　　　　　　　　　　　　控制離合器
　　　　　　　　　　　　　　　　　的液壓油

電磁閥及閥體油道

圖4-6　自動變速箱換檔控制

圖解

　　如圖4-6所示，電磁閥對自動變速箱每個檔位的一組離合片進行控制，從而實現變速功能。自動變速箱電腦通過數位電信號控制電磁閥的動作，從而改變變速箱液壓油在閥體油道的走向。當作用在多片式離合片上的油壓達到一定壓力時，多片式離合片接合，使相對應的行星齒輪組輸出動力。

4.2

自動變速箱系統診斷測試與維修

導讀提示 ↘

本節以福斯車系自動變速箱為例,講述自動變速箱系統診斷測試與維修。

4.2.1 液體扭力變換接合器

(1) 結構及作用

液體扭力變換接合器(簡稱為變矩器)作為一個起始元件,並在轉換範圍內增加扭力。液體扭力變換接合器內有一個鎖定離合器。起動馬達驅動的齒圈焊接在液體扭力變換接合器殼體上,這有助於確保變速箱的緊湊型設計。

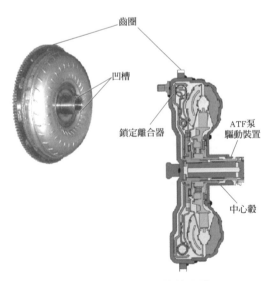

圖4-7 液體扭力變換接合器

圖解

　　如圖4-7所示，在中心轂處，自動變速箱通過摩擦軸承支承液體扭力變換接合器。通過液體扭力變換接合器中心轂的凹槽驅動自動變速箱油泵。通過匹配內部元件，接合器可以與不同排氣量的引擎配合使用。

（2）鎖定離合器

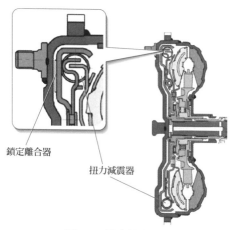

鎖定離合器

扭力減震器

圖4-8　鎖定離合器

圖解

　　如圖4-8所示，液體扭力變換接合器配備的鎖定離合器與扭力減震器連接成一體。鎖定離合器閉合時，扭力減震器減少扭轉震動，這大大擴展了鎖定離合器閉合的範圍，有以下三種基本工作情況：

①鎖定離合器打開；

②鎖定離合器調節操作；

③鎖定離合器閉合。

正常駕駛時，鎖定離合器可以在每個檔位閉合。

（3）鎖定離合器（TCC）操作範圍

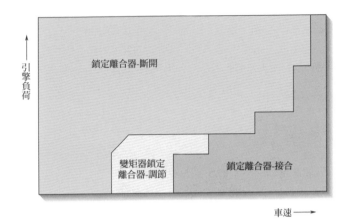

圖4-9　鎖定離合器（TCC）操作範圍示意

 圖解

　　如圖4-9所示，根據駕駛模式、引擎負荷以及車輛行駛速度，為控制目標，鎖定離合器首先以低限度的打滑進行調節，隨後完全閉合。

①在調節操作期間，與鎖定離合器斷開相比，燃油消耗減少；與鎖定離合器接合相比，提高了舒適度。
②在S模式下，使用手自排Tiptronic操作，鎖定離合器將會盡可能地接合。引擎和變速箱之間的動力直接連接，提高了運動駕駛的感覺。
③在爬坡（climbing）模式，鎖定離合器在2檔接合。
④當ATF溫度高於130℃時，鎖定離合器不再調節，而是迅速接合，有助力ATF保持較低的熱負荷，並且冷卻下來。

（4）液體扭力變換接合器的變速箱油

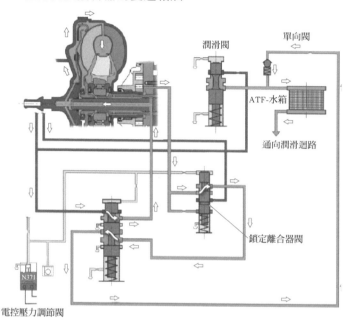

圖4-10　液體扭力變換接合器的變速箱油（ATF）油供給示意

圖解

如圖4-10所示，

①液體扭力變換接合器仍採用單獨的液壓控制迴路來供應變速箱油。變速箱油的熱量（是由傳遞扭力以及鎖定離合器的摩擦產生的）是通過ATF持續地循環冷卻而散掉的。

②鎖定離合器是由控液壓控制，即控制其閥兩側的ATF流動方向和壓力的大小。

③變速箱電腦根據這些參數計算出鎖定離合器的規定狀態，並決定出一個用於壓力調節閥N371的控制電流。N371將這個控制電流按比例轉換成液壓控制壓力。

④這個控制壓力會控制液體扭力變換接合器壓力閥和鎖定離合器閥，這兩個閥會確定鎖定離合器上的變速箱油流動方向和壓力大小。

（5）鎖定離合器的工作過程

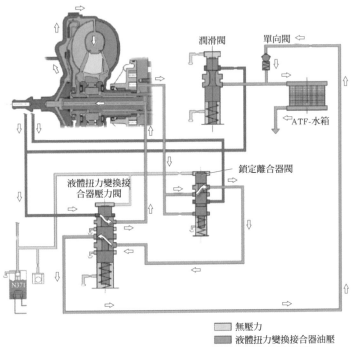

潤滑閥　　單向閥 ⇐

⇐ATF-水箱

鎖定離合器閥

液體扭力變換接合器壓力閥

 N371

☐ 無壓力
☐ 液體扭力變換接合器油壓
☐ 系統油壓（主油壓）
☐ 先導油壓

圖4-11　鎖定離合器斷開示意

圖解

圖4-11所示為鎖定離合器斷開。

在斷開時，鎖定離合器閥兩側的變速箱油（ATF）壓力是相等的。ATF從接合器壓力閥留經鎖定離合器片與外殼之間。變熱的ATF經鎖定離合器閥流到ATF水箱並冷卻。

這種結構可以保證：不論是在液體扭力變換接合器工作時，還是在鎖定離合器進行調節工作時，各個元件和ATF都能得到足夠的冷卻。

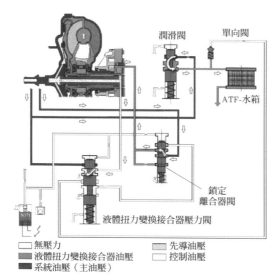

潤滑閥　　單向閥

ATF-水箱

鎖定
離合器閥

N371　　液體扭力變換接合器壓力閥

□ 無壓力　　　　　　　　　■ 先導油壓
■ 液體扭力變換接合器油壓　□ 控制油壓
■ 系統油壓（主油壓）

圖4-12　鎖定離合器調節／接合示意

圖解

圖4-12所示為鎖定離合器調節／接合。

要想使鎖定離合器接合，必須通過控制液體扭力變換接合器壓力閥和鎖定離合器閥來改變ATF的流動方向。

於是原本進入鎖定離合器片與外殼之間油壓就被洩掉了，接合器內供給渦輪正面油壓，推動渦輪與鎖定離合器一同壓緊外殼，因而鎖定離合器就接合了。

鎖定離合器扭力的大小根據閥的控制狀況增大或者減小。其規則如下：

①較小的N371控制電流相當於離合器扭力較小。

②較大的N371控制電流會產生較大的離合器扭力。

在發生故障時的安全／替代功能：當超過鎖定離合器的某個規定壓力值（控制電流）時，就會利用動力傳遞曲線來檢查渦輪和引擎之間是否存在轉速差。

如果存在轉速差，就會記錄一個故障，這時鎖定離合器就無法再接合。

4.2.2 ATF水箱

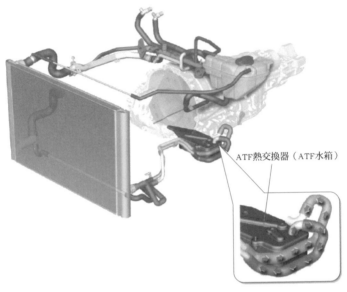

ATF熱交換器（ATF水箱）

圖4-13 ATF（自動變速箱油）水箱示意

 圖解

如圖4-13所示，

①ATF水箱是通過一個冷卻水／機油熱交換器來完成散熱的，這個熱交換器用鎖盤直接固定在變速箱上，與引擎冷卻水迴路結合在一起。

②由於ATF水箱是直接固定在變速箱上的，所以就更容易調節冷卻能力。又因為沒有ATF管路，因而大大減少了洩漏源。

③這種「封閉式ATF系統」使得加注ATF和檢查ATF液面高度變得容易了，拆、裝變速箱時因斷開ATF管路而出現的輔助工作也就不需要再做了，因此髒物進入變速箱的可能性就被減至最小。

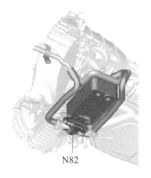

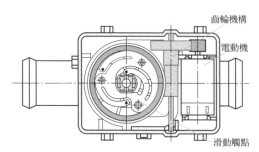

齒輪機構

電動機

滑動觸點

圖4-14　ATF水箱
（內含截止閥）

圖4-15　ATF水箱（內含截止閥）結構

 圖解

圖4-14所示為ATF水箱（內含截止閥）。

為了能使引擎在冷啟動後快速預熱，使用了截止閥N82。

N82是一個靠電動機驅動的轉動控制閥，該閥由變速箱電腦J217根據ATF油溫來控制。當ATF溫度不高於80℃時，該閥是關閉的，它阻止了冷卻水從引擎流向ATF熱交換器，因此引擎的熱量就不會傳給ATF，所以引擎可以很快加熱到正常工作溫度。

如圖4-15所示，N82通過15號和31號接線來供電，滑動觸點和一個結合切換電子機構的小切換裝置用來控制電動機，電動機轉動時通過一個小齒輪來帶動轉動滑閥。

4.2.3　液壓控制單元

液壓控制單元由閥箱和閥板構成（圖4-16，閥的註解說明見表4-2），其中包含下述元件：

①液壓控制的換檔閥；

②機械控制的選檔滑閥；

③6個電控壓力控制閥；

④1個電磁閥。

表4-2　液壓控制單元圖解

代碼	名稱	說明／功用
Dr. Red. V	減壓閥	該閥將系統壓力調至約5bar，這個壓力（先導壓力）用於電磁閥，因為這些電磁閥需要使用一個恆定值的先導壓力才能精確工作。
HV-A HV-B HV-D1 HV-D2 HV-E	鎖緊閥-離合器 A 鎖緊閥-離合器 B 鎖緊閥-制動器 D1 鎖緊閥-制動器 D2 鎖緊閥-離合器 E	鎖緊閥用來切換離合閥，也就是說：在換檔過程中，離合閥的調節功能（調節階段）在對應的時刻被鎖緊閥關閉。於是離合壓力就升至系統壓力。 這兩個閥（離合閥和鎖緊閥）由對應的壓力控制閥來控制。
KV-A KV-B KV-C KV-D1 KV-D2 KV-E	離合閥-離合器 A 離合閥-離合器 B 離合閥-制動器 C 離合閥-制動器 D1 離合閥-制動器 D2 離合閥-離合器 E	離合閥就是可調的減壓閥，它們由各自的電子壓力控制閥來控制，在換檔時確定離合壓力的大小。
Schm.V	潤滑閥	潤滑閥用於降低和保證潤滑的油壓，另外還限制壓力的最大值。
SV1	換檔閥1	該閥的作用是：車在行駛時如果斷電的話，將檔位保持在當前正在使用的檔位上；在重新啟動和機械應急運行狀態（電磁閥不通電時），會換入一個對應的特定檔位。 該閥還有自保持功能，在重新啟動時該功能自動停用，但可由電子控制單元重新接通。
SV2	換檔閥2	該閥將系統壓力引至對應的離合器／制動器並控制它們的工作。 該閥由電磁閥N88來控制。
SPV	補償閥	該閥與N88的控制電路是並行的。N88是一個「開-關」閥，它可以快速執行對應的換檔操作。 SPV作用：減緩控制壓力的升／降速度，使換檔更平順。
Sys. Dr.V	系統壓力閥	系統壓力閥是一個可調的壓力限制閥，它用來調節ATF油泵泵出的變速箱油壓（主油壓）。 該閥由N233來控制。
WDV	液體扭力變換接合器壓力閥	該閥用來降低系統壓力，並保持流過液體扭力變換接合器和用於鎖定離合器的ATF壓力。另外還限制液體扭力變換接合器壓力的最大值，以避免其膨脹。 透過控制N371來與鎖定離合器閥一同控制鎖定離合器液壓油流向。
WKV	鎖定離合器閥	鎖定離合器閥和液體扭力變換接合器壓力閥一同由N371來控制。在這過程中，ATF油流動方向會發生逆轉。 在液體扭力變換接合器壓力閥（WDV）給鎖定離合器釋放油壓時，液體扭力變換接合器壓力通過WKV作用在渦輪室內。
WS	選檔滑閥	該閥是通過排檔桿上的拉索來機械控制的，它將ATF引到前進檔和倒檔，並保證空檔位置。

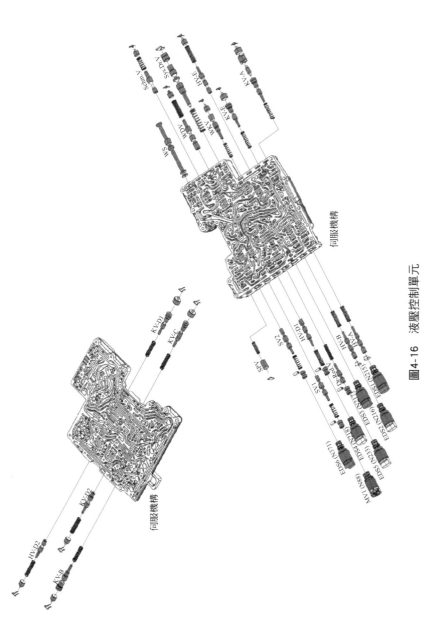

圖 4-16 液壓控制單元

4.2.4 ATF油泵（ATF：自動變速箱油）

自動變速箱最重要的元件之一就是這個油泵。沒有適量的變數箱油供給，系統不會運行。

由於優化了ATF供油狀況，從而也就減少了液壓控制系統和變速箱內的洩漏，因此所要求的ATF油泵供油量降低。

泵內洩漏和ATF供油系統的損失都明顯減少。

圖解

如圖4-17～圖4-19所示，該ATF油泵由引擎通過液體扭力變換接合器殼體和轂來直接驅動。液體扭力變換接合器通過耐磨滾子軸承支承在ATF油殼體內。該油泵經濾清器吸入ATF，並將壓力油送入液壓控制單元，在這裡系統壓力閥(Sys. Dr.V)會調節所需的ATF壓力。多餘的ATF被引回到油泵的進油道，釋放出的能量用來給進油側加壓。這樣除了可以提高工作效率外，還因為避免了汽蝕而降低了噪音。

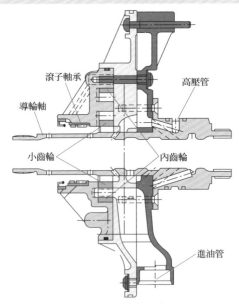

滾子軸承　高壓管　導輪軸　小齒輪　內齒輪　進油管

圖4-17　油泵示意

在安裝液體扭力變換接合器時要特別注意：液體扭力變換
接合器轂的槽一定要卡到油泵的撥塊上。

油泵(變速箱一側)　　　　　　　　　　　　　油泵(引擎一側)

內齒輪　　　　　　　　小齒輪

撥塊

滾子軸承

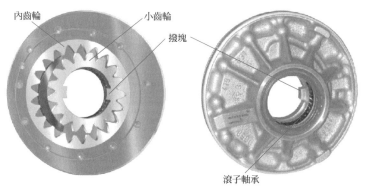

圖4-18　油泵

圖4-19　油泵朝引擎一側

4.2.5　行星齒輪／換檔元件

圖解

　　圖4-20、圖4-21所示為福斯系列自動變速箱：動力總成橫置（09G/09K型）；動力總成縱置（09D/09E型）。

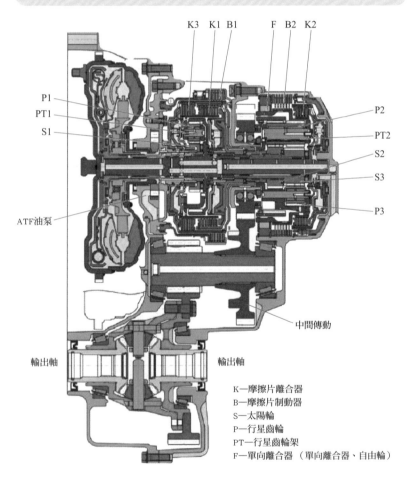

K—摩擦片離合器
B—摩擦片制動器
S—太陽輪
P—行星齒輪
PT—行星齒輪架
F—單向離合器 （單向離合器、自由輪）

圖4-20　09G型自動變速箱解剖圖

圖4-21　09E變速箱視圖

 圖解

　　如圖4-22、圖4-23所示，自動變速箱萊派特行星齒輪系是一個Lepelletier的法國人設計。引擎首先驅動單行星齒輪組，從單行星齒輪組開始，扭力傳遞到一個雙行星齒輪組。

　　多片式離合器K1和K3與多片式制動器B1位於單行星齒輪組，行星齒輪的齒數取決於變速箱的扭力傳遞。

　　通過各自的動態油壓平衡，這些離合器完成對齒輪的控制，這種控制獨立於引擎轉速。離合器K1、K2和K3把引擎扭力傳遞到行星齒輪裝置。制動器B1和B2與單向離合器F把引擎扭力轉移到變速箱外殼上。所有多片式離合器和制動器都由電子壓力控制閥間接控制。單向離合器F是機械換檔元件。

　　自動變速箱零元件功能圖解示意見圖4-24，表4-3。

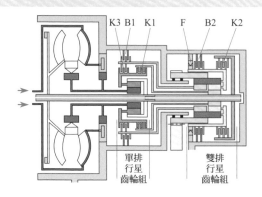

圖4-22　元件功能（一）

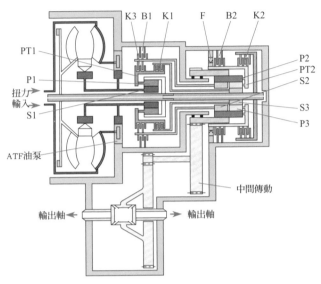

圖4-23　元件功能（二）

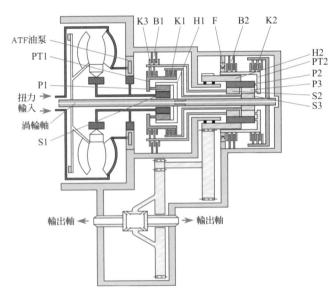

圖4-24　自動變速箱零元件功能示意

表4-3 自動變速箱零元件功能圖解（圖4-24圖解）

元件	連接元件
單行星齒輪裝置	
內部齒圈H1	渦輪軸（動力系）離合器K2
行星齒輪P1	在行星齒輪裝置中傳遞動力
太陽輪S1	固定
行星架PTI	離合器K1／K3
雙行星齒輪裝置	
內齒圈H2	輸出
行星齒輪P2	在行星齒輪裝置中傳遞動力
行星齒輪P3	在行星齒輪裝置中傳遞動力
大太陽輪S2	離合器K3／制動器B1
小太陽輪S3	離合器K1
行星架PT2	離合器K2／制動器B2／單向離合器F
離合器、制動器、單向離合器	
離合器K1	單行星齒輪裝置的行星架PT1與雙行星齒輪裝置的小太陽輪S3
離合器K2	動力系渦輪軸與雙行星齒輪裝置的行星架PT2
離合器K3	單行星齒輪裝置的行星架PT1與雙行星齒輪裝置的大太陽輪S2
制動器B1	固定雙行星齒輪裝置的大太陽輪S2
制動器B2	固定雙行星齒輪裝置的行星架PT2
單向離合器F	使用1檔駕駛模式，沒有引擎煞車時，固定雙行星齒輪裝置的行星架PT2，阻止動力旋轉方向

4.2.6 駐車檔（P檔）

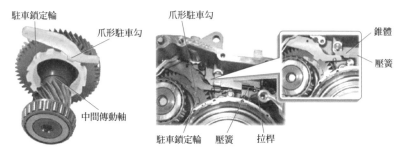

圖4-25 駐車檔（P檔）

圖解

如圖4-25所示，

①駐車用於固定停泊的車輛，使車輪不再滾動行駛。駐車鎖定輪與中間軸的被動輪連成一體。它同時也是變速箱輸出轉速感知器G195的信號輪。

②爪形駐車勾與駐車鎖定輪以齒結合，以便鎖住最終傳動。當車輪要調整，其軸部分抬高時，採用駐車檔，可防止局部抬高的前軸旋轉。例如，使用汽車千斤頂更換輪胎時，必須使用駐車煞車。

③當在陡峭的斜坡上停車時，排檔桿換到駐車P檔之前，必須先拉起駐車煞車，以保護排檔桿拉索，並使排檔桿易於操作。

④爪形駐車勾和駐車鎖定輪之間有張力，開始駕駛車輛以前，排檔桿必須首先離開駐車P檔，然後鬆開駐車煞車。

4.2.7 控制裝置

維修提示　一定要搞清楚這些元件的關係：離合器和制動器等換檔元件由閥體通過液壓閥控制。這些液壓閥由電磁閥控制，電磁閥由變速箱電腦（TCM）J217控制。

圖解

如圖4-26所示，除了控制換檔元件之外，閥體還控制液體扭力變換接合器鎖定離合器和變速箱油（ATF）壓力，如主油壓、控制油壓、液體扭力變換接合器油壓、潤滑油壓。

閥體包含以下組成元件：

①機械操作的手動閥；

②液壓控制電磁閥；

③6個電控壓力控制閥；

④變速箱油溫感知器G93。

自動變速箱電腦J217

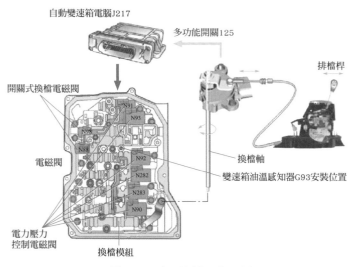

多功能開關125

排檔桿

開關式換檔電磁閥

N91
N93

N98
N88

電磁閥

N92
N282
N283
N90

換檔軸

變速箱油溫感知器G93安裝位置

電力壓力
控制電磁閥

換檔模組

圖4-26　液壓控制閥體及控制

 圖解

　　圖4-27所示為電控電磁閥。

　　有兩種類型的電磁閥：有兩個換檔位置（on／off）的開關式電磁閥與電子壓力控制閥（調制閥）。

　　注意：電磁閥N88和電磁閥N89稱為通/斷（on／off）的開關式電磁閥。通過這兩個電磁閥，使用變速箱油壓推動液壓閥，因此可以開啟或關閉變速箱油通道。

電子控制壓力閥

換檔電磁閥

N91

N93

N89

N88

N92

N282

N283

N90

圖4-27　電控電磁閥

4.2.8　動力傳遞

（1）1檔動力傳遞（表 4-4）

表4-4　1檔動力傳遞

動力傳遞圖解	圖示
1檔傳動比為4.148。 　檔位描述：離合器K1和單向離合器F工作。 　渦輪軸驅動單行星齒輪組的內齒輪H1，內齒輪驅動行星輪P1，行星輪P1與固定太陽輪S1嚙合。行星架PT1也是通過上述方法驅動。離合器K1接合時，扭力傳遞到雙行星齒輪組的太陽輪S3。長行星輪把扭力傳遞到內齒輪H2。內齒輪直接連接輸出齒輪。行星架PT2支承在單向離合器F上。 　1檔使用單向離合器F接合，在1檔減速模式下動力傳遞無效。因減速模式下的驅動齒輪，其旋轉方向不在它的鎖定方向，在單向離合器方向引擎煞車無法實現。	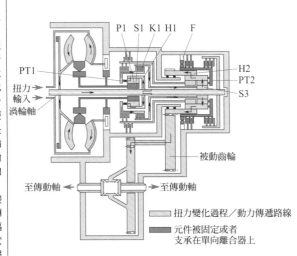
在Tiptronic手自排車模式下的1檔動力傳遞如圖所示。 　檔位描述：離合器K1和制動器B2工作。 　在Tiptronic手自排車模式下。選擇1檔，此時制動器B2接合。1檔的引擎煞車可用在陡峭的斜坡等駕駛狀況。扭力傳輸如1檔動力傳遞所述。1檔使用引擎煞車時只能使制動器B2接合。 　像單向離合器F一樣，制動器B2鎖定行星架PT2。不過，與單向離合器F不同，制動器B2使行星架PT2在兩個方向旋轉。對於在倒檔和1檔時的引擎，這很必要。	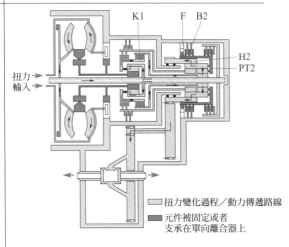

（2）2、3檔動力傳遞（表4-5）

表4-5　2、3檔動力傳遞

檔位	動力傳遞圖解	圖示
2檔動力傳遞路線	描述：離合器K1和制動器B1工作。 渦輪軸驅動單行星齒輪組的內齒輪H1。內齒輪H1驅動行星輪P1，行星輪P1與固定太陽輪S嚙合。行星架PT1也是這樣驅動。離合器K1連接行星架PT1與太陽輪S3，從而把扭力傳遞到雙行星齒輪組。制動器B1鎖定太陽輪S2。扭力從太陽輪S2傳遞到短行星輪P3，再傳遞到長行星輪P2。長行星輪P2與固定的太陽輪S2嚙合，並驅動內齒輪H2。	
3檔動力傳遞路線	檔位描述：離合器K1和離合器K3工作。 渦輪軸驅動單行星齒輪組的內齒輪H1，內齒輪H1驅動行星輪P1，行星輪P1與固定太陽輪S1嚙合。行星架PT1也是這樣驅動。 離合器K1連接行星架PT1與太陽輪S3，從而把扭力傳遞到雙行星齒輪組。 離合器K3還把扭力傳遞到雙行星齒輪組的太陽輪S2。通過接合兩個離合器K1和K3，鎖定雙行星齒輪組。然後把扭力直接從行星齒輪組傳遞到輸出齒輪。	

268

（3）4、5 檔動力傳遞（表 4-6）

表4-6　4、5檔動力傳遞

檔位	動力傳遞圖解	圖示
4檔動力傳遞路線	檔位描述：離合器K1和離合器K2工作。 渦輪軸驅動單行星齒輪組的內齒輪H1和多片式離合器K2的外行星架。內齒輪H1驅動行星輪P1，行星輪P1與固定的太陽輪S1嚙合。行星架PT1也是這樣驅動。離合器K1連接行星架PT1與太陽輪S3，從而把扭力傳遞到雙行星齒輪組。離合器K2連接渦輪軸和行星架PT2，從而把扭力傳遞到雙行星齒輪組。長行星輪P2與短行星輪P3接合，驅動內齒輪H2和行星架PT2。	 P1 K1 S1 H1 K2 PT1 H2 P2 PT2 P3 S3 扭力輸入 渦輪軸 ■ 扭力變化過程／動力傳遞路線 ■ 元件被固定或者支承在單向離合器上
5檔動力傳遞路線	檔位描述：離合器K2和離合器K3工作。 渦輪軸驅動單行星齒輪組的內齒輪H1和多片式離合器K2的外行星架。內齒輪H1驅動行星輪P1，行星輪P1與固定的太陽輪S1嚙合。行星架PT1也是這樣驅動。離合器K2連接渦輪軸和行星架PT2，從而也把扭力傳遞到雙行星齒輪組。長行星輪P2驅動內齒輪H2和行星架PT2以及太陽輪S2。	 P1 K1 S1 H1 F PT1 H2 PT2 S3 扭力輸入 渦輪軸 被動齒輪 至傳動軸 至傳動軸 ■ 扭力變化過程／動力傳遞路線 ■ 元件被固定或者支承在單向離合器上

（4）6檔和倒檔動力傳遞（表4-7）

表4-7　6檔和倒檔動力傳遞

檔位	動力傳遞圖解	圖示
6檔動力傳遞路線	檔位描述：離合器K2和制動器B1工作。 制動器B1鎖定太陽輪S2。離合器K2連接渦輪軸和雙行星齒輪組的行星架，從而把扭力傳遞到雙行星齒輪組。長行星輪P2與固定太陽輪S2嚙合，驅動內齒輪H2。離合器K1和K3不接合，單行星齒輪組不傳遞動力流。	 K3 B1 K1　　K2 H2 P2 PT2 S2 渦輪軸 ■ 扭力變化過程／動力傳遞路線 ■ 元件被固定或者支承在單向離合器上
倒檔動力傳遞路線	檔位描述：離合器K3和制動器B2工作。 渦輪軸驅動單行星齒輪組的內齒輪H1，內齒輪H1驅動行星輪P1，行星輪P1與固定太陽輪S1嚙合。行星架PT1也是這樣驅動。 離合器K3連接行星架PT1和太陽輪S2，從而把扭力傳遞到雙行星齒輪組。 制動器B2鎖定雙行星齒輪組的行星架PT2，扭力從太陽輪S2傳遞到長行星輪P2。扭力從行星架PT2傳遞到內齒輪H2，內齒輪H2連接輸出軸。因此，在引擎旋轉的相反方向驅動內齒輪H2。	 K3 P1 S1 H1　　B2 PT1 H2 P2 PT2 S2 渦輪軸 ■ 扭力變化過程/動力傳遞路線 ■ 元件被固定或者支承在單向離合器上

4.2.9 故障診斷

（1） 變速箱檔位（TR）開關 F125

變速箱多功能
檔位開關F125

圖4-28 變速箱檔位（TR）開關F125（在變速箱位置）

 圖解 ≫≫≫

　　如圖4-28所示，排檔桿電纜把多檔位開關連接到排檔桿上。檔位開關把排檔桿的機械運動轉換為電位信號，並把這些信號傳送到變速箱電腦（TCM）J217。

多功能開關F125

圖4-29 變速箱檔位開關
F125

用於檔位P和IN的開關　　倒車燈開關F41

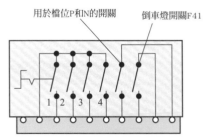

圖4-30 用於排檔桿
位置的開關1～4

圖解

如圖4-29、圖4-30所示，檔位開關是有六個滑動觸點的機械組合開關。四個開關用於排檔桿的滑動觸點位置；一個開關用於P位或N位，可以控制啟動；一個開關用於倒檔的倒車燈開關F41。

變速箱電腦（TCM）J217觸發自動換檔程序，確認換檔開關的位置，控制以下功能：

①起動馬達P／N起動信號；

②倒車燈；

③排檔桿P／N鎖定釋放鈕。

變速箱電腦（TCM）J217在控制器局域網路（CAN）總線上儲存目前排檔桿的位置，以便其他電腦使用。

> **維修提示**
>
> 如果故障影響能夠判斷前進檔和倒檔之間的差別，就不影響換檔程序。如果倒檔信號發生錯誤，變速箱就會進入緊急運行模式。
>
> 如果發生下列情況，必須調整換檔開關：
>
> ①更換換檔開關時。
>
> ②安裝新變速箱時。
>
> ③儀表板上的檔位警告燈顯示不正確時。

（2）變速箱輸入轉速感知器 G182

圖解

如圖4-31、圖4-32所示，變速箱輸入轉速感知器G182記錄位於多片式離合器K2外行星架處的變速箱輸入轉速，它根據霍爾原理工作。

在離合器K2行星架外側的信號輪

G182

圖4-31 輸入轉速感知器G182

G182

圖4-32 輸入轉速感知器G182在變速箱上的位置

①信號利用 對於下列功能，變速箱電腦（TCM）J217需要精確的變速箱輸入轉速：

　　a.換檔的控制、適應和監測。

　　b.鎖定離合器調節和監測。

　　c.診斷換檔元件，檢查引擎轉速和變速箱輸出轉速的可信度。

②信號故障的影響 鎖定離合器閉合，引擎轉速用來替換變速箱輸入轉速。

G195的脈衝信號輪
（駐車鎖定輪）

G195

中間傳動軸

圖4-33 輸出轉速感知器G195

圖解

如圖4-33、圖4-34所示,變速箱輸出轉速感知器G195記錄駐車鎖定輪處的變速箱輸出轉速。它也是根據霍爾原理工作。

駐車鎖定輪與中間軸的被動輪一體。由於輸出行星輪和中間軸之間的減速比,因此兩轉速依減速比分配。

根據變速箱的編程減速比,變速箱電腦(TCM)J217計算出實際變速箱輸出轉速。

G195

圖4-34　輸出轉速感知器G195在變速箱上的位置

(3)變速箱輸出轉速感知器 G195

①信號利用　對電子控制變速箱而言,變速箱輸出轉速是最重要的信號之一。下列功能需要這個參數:

　　a.選擇換檔點。

　　b.駕駛狀況評估的動態換檔程序DSP功能。

　　c.診斷換檔元件,檢查引擎轉速和變速箱輸出轉速的可信度。

②信號故障的影響　ABS電腦J104的轉速信號替換變速箱輸出轉速。

（4）變速箱油溫感知器 G93

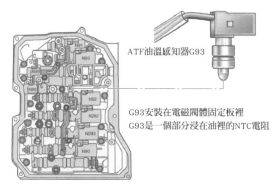

ATF油溫感知器G93

G93安裝在電磁閥體固定板裡
G93是一個部分浸在油裡的NTC電阻

圖4-35 變速箱油溫感知器G93

 圖解

　　如圖4-35所示，變速箱油溫感知器G93位於閥體內，浸沒在變速箱油中。它用來測量變速箱油溫，並把油溫測量值傳送到變速箱電腦（TCM）J217。

　　變速箱油溫感知器G93由一塊安裝板固定。它是閥體總成的一個元件，利用NTC熱敏電阻工作。

①信號利用　下列功能需要變速箱油溫：

　　a.配合系統換檔壓力和換檔過程中建立壓力和釋放壓力；

　　b.啟動或解除暖車程序和鎖定離合器等的溫度依賴功能；

　　c.在熱車模式，變速箱油溫過高時，啟動變速箱的保護功能。

②信號故障的影響

　　a.鎖定離合器沒有調節操作，只能打開或閉合；沒有調節的換檔壓力，這通常會導致難以換檔。

　　b.溫度升高時，感知器電阻變化不符合規定。

　　c.為了防止變速箱過熱，超出規定的變速箱油溫範圍時，觸發對應的保護對策。

d.對策1（約127℃）：利用動態換檔程序（DSP）功能，換檔特性曲線在更高轉速下換檔。鎖定離合器較早閉合，不再進行調整。

e.對策2（約150℃）：引擎扭力減小。

（5）Tiptronic 升檔開關和降檔開關（手自排換檔撥片）

圖4-36　　Tiptronic升檔開關和降檔開關（手自排換檔撥片）

 圖解

　　如圖4-36所示，方向盤上的Tiptronic升檔開關E438和Tiptronic降檔開關E439，這些排換檔撥片在方向盤的左右可以找到。通過操作撥片，自動變速箱可以實現升檔和降檔。換檔信號直接進入變速箱電腦（TCM）J217中。

①信號利用　在Tiptronic手自排模式，使用這些撥片也能進行換檔。如果在自動換檔模式下操作方向盤上的Tiptronic撥片，變速箱控制就進入Tiptronic模式。以後不操作Tiptronic撥片，計時器停止以後，變速箱控制返回自動換檔模式。

②信號故障的影響　如果信號發生故障，方向盤撥片就沒有Tiptronic功能。

③Tiptronic手自排換檔機制　達到最高轉速時，自動升檔；低於最低轉速時，自動降檔；強制降檔；起步之前，如果選擇2檔，就從2檔開始起步；升檔保護或降檔保護。

（6）節氣門位置感知器和油門踏板位置感知器

節氣門位置（TP）感知器G79和油門踏板位置感知器G185，都位於踏板總成的油門踏板模組內。

強制降檔信息：

①2個感知器的信號皆正常情況下。在油門踏板的壓縮緩衝件上，有一個功率元件。功率元件產生一個機械壓力點，用於告知駕駛正處於強制降檔的階段。

　　如果駕駛主動觸發強制降檔，通過強制降檔開關，就會發出一個超出節氣門位置感知器G79和油門踏板位置感知器G185全開（WOT）位置的電壓值給ECM，使ECM控制強制降檔。

②引擎電腦（ECM）J220收到這個電壓值後，ECM就認為是強制降檔，將通過動力系CAN總線給變速箱電腦（TCM）J217傳遞信息。

（7）電磁閥作動器故障診斷

在電控自動變速箱中，電磁閥作為電液換檔元件使用。開關式電磁閥與作為調節閥或計量閥的電子壓力控制閥是有區別的。

①電磁閥

　　a.電磁閥N88。電磁閥N88作為一個開關式電磁閥工作，打開或關閉自動變速箱油通道。

　　電磁閥N88在4檔到6檔打開。此外，這個電磁閥改進了5檔到6檔的換檔品質。如果沒有電流，電磁閥N88關閉。

如果N88的信號或電磁閥發生故障，就不可能從4檔換到6檔。

b.電磁閥N89。電磁閥N89作為一個開關式電磁閥工作，打開或關閉自動變速箱油通道。

電磁閥N89打開時，鎖定離合器的變速箱油壓升高。如果同時打開電磁閥N88和電磁閥N89，制動器B2閉合，在Tiptronic手自排模式下的1檔，產生引擎煞車。

沒有電流時，這個電磁閥關閉。

如果到電磁閥N89的信號發生故障，鎖定離合器不再加壓到最大變速箱油壓，引擎煞車就不可能實現。

②電子壓力控制閥

a.電磁閥N90。電磁閥N90可調節到多片式離合器K1的自動變速箱油壓。

沒有電流時，電磁閥關閉。在這個換檔過程，最大自動變速箱油壓會影響離合器的工作。

如果電磁閥N90有故障或不能控制，1檔到4檔換檔就困難。

b.電磁閥N91。電磁閥N91調節到鎖定離合器的壓力。

 如果電磁閥N91沒有電流，鎖定離合器打開。
如果電磁閥N91發生故障，鎖定離合器一直打開。

c.電磁閥N92。電磁閥N92調節到多片式離合器K3的自動變速箱油壓。

 沒有電流時，電磁閥關閉，變速箱會在最大油壓下操作。

d.電磁閥N282。電磁閥N282調節到多片式離合器K2的油壓。

 如果沒有電流，電磁閥關閉，在這個換檔過程，最大自動變速箱油壓會作用在離合器上。

 由於電磁閥N282或線路中發生故障，4檔到6檔的所有檔位換檔困難。

e.電磁閥N283。電磁閥N283調節到多片式制動器B1的油壓。

 電磁閥是否關閉取決於電流值。如果沒有電流，制動器閉合，變速箱油壓最大。

維修
提示

　　由於N283電磁閥或線路中發生故障，2檔到6檔的所有檔位換檔困難。

f. 換檔鎖定電磁閥N110。

圖解

　　如圖4-37所示，電磁閥裝於排檔桿支承座上。它是一塊電磁鐵，打開點火開關時，防止排檔桿在P位和N位，非正確操作移至其它檔位。

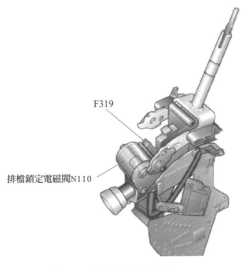

F319

排檔鎖定電磁閥N110

圖4-37　換檔鎖定電磁閥N110

⚠ 特別注意：

　　在斷電情況下，排檔桿已經鎖定。要操作排檔桿，必須使用緊急釋放。

4.3

自動變速箱綜合故障排除（表4-8）

表4-8　自動變速箱綜合故障排除

症狀／診查項目	故障現象／原因	故障診斷或排除措施
汽車不能行駛故障	無論排檔桿位於倒檔、前進檔，汽車都不能行駛；冷車啟動後汽車能行駛一小段路程，但熱車狀態下汽車不能行駛。 ①自動變速箱油底滲漏。 ②排檔桿和檔位開關搖臂之間的連桿或拉索鬆脫，檔位開關保持在空檔或停車檔位置。 ③油泵進油濾網堵塞。 ④主油路嚴重洩漏。 ⑤油泵損壞。	①檢查自動變速箱內有無變速箱油。其方法是：拔出自動變速箱的油尺，觀察油尺上有無變速箱油。如有嚴重漏油處，應修復後重新加油。 ②檢查自動變速箱排檔桿與檔位開關搖臂之間的連桿或拉索有無鬆脫。如果有鬆脫，應予以裝復，並重新調整好排檔桿的位置。 ③拆下主油路測壓孔上的螺塞，啟動引擎，將排檔桿撥至前進或倒檔位置，檢查測壓孔內有無變速箱油流出。 ④若主油路側壓孔內沒有變速箱油流出，應打開油底殼，檢查檔位開關搖臂軸與搖臂間有無鬆脫，檔位開關閥芯有無折斷或脫鈎。若檔位開關工作正常，則說明油泵損壞。對此，應拆卸分解自動變速箱，更換油泵。 ⑤若主油路測壓孔內只有少量液壓油流出，油壓很低或基本上沒有油壓，應打開油底殼，檢查油泵進油濾網有無堵塞。如無堵塞，說明油泵損壞或主油路嚴重洩漏，應拆卸分解自動變速箱。 ⑥若冷車啟動時主油路有一定的油壓，但熱車後油壓即明顯下降，說明油泵磨損過甚，應更換油泵。 ⑦若測壓孔內有大量液壓油噴出，說明主油路油壓正常，故障出在自動變速箱中的輸入軸、行星齒輪組或輸出軸。應拆檢自動變速箱。

續表

症狀／診查項目	故障現象／原因	故障診斷或排除措施
自動變速箱打滑	起步時踩下油門踏板，引擎轉速很快升高但車速上升緩慢；行駛中踩下油門踏板加速時，引擎轉速升高但車速沒有很快提高；平路行駛基本正常，但上坡無力，且引擎轉速很高。 ①液壓油油面太低；液壓油油面太高，運轉中被行星齒輪組劇烈攪動後產生大量氣泡。 ②離合器或制動器摩擦片、制動器磨損過甚或燒焦。 ③油泵磨損過甚或主油路洩漏，造成油路油壓過低。 ④單向超越離合器打滑。 ⑤離合器或制動器活塞密封圈損壞，導致漏油。 ⑥緩衝器活塞密封圈損壞，導致漏油。	①自動變速箱在所有前進檔都有打滑現象，則為前進離合器打滑。 ②自動變速箱在排檔桿位於D位時的1檔有打滑，而在排檔桿位於L位或1位時的1檔不打滑，則為前進單向超越離合器打滑。若不論排檔桿位於D位或L位或1位時，1檔都有打滑現象，則為低檔及倒檔制動器打滑。 ③自動變速箱只在排檔桿位於D位時的2檔有打滑，而在排檔桿位於S位或2位時的2檔不打滑，則為2檔單向超越離合器打滑。若不論排檔桿位於D位或S位或2位時，2檔都有打滑現象，則為2檔制動器打滑。 ④在3檔有打滑現象，則為倒檔及高檔離合器打滑。 ⑤超速檔時有打滑現象，則為超速制動器打滑。 ⑥在倒檔和高檔時都有打滑現象，則為倒檔及高檔離合器打滑。 ⑦在倒檔和1檔時都有打滑現象，則為低檔及倒檔制動器打滑。
換檔震動過大	在起步時，由駐車檔或空檔排入倒檔或前進檔時，汽車震動較嚴重；行駛中，在自動變速箱升檔的瞬間汽車有較明顯的闖動。 ①引擎怠速過高。節氣門拉索或節氣門位置感知器調整不當，使主油路油壓過高。 ②升檔過遲。真空式節流閥的真空軟管破裂或鬆脫。 ③主油路調壓閥有故障，使主油路油壓過高。 ④單向閥鋼球漏裝，換檔執行元件（離合器或制動器）接合過快。 ⑤換檔執行元件打滑。油壓電磁閥不工作。電腦故障。	①檢查引擎怠速。 ②檢查真空式節流閥的真空軟管。如有破裂，應更換；如有鬆脫，應重新連接。 ③路試，如果有升檔過遲的現象，則說明換檔衝擊大的故障是升檔過遲所致。如果在升檔之前引擎轉速異常升高，導致在升檔的瞬間有較大的換檔衝擊，則說明離合器或制動器打滑，應分解自動變速箱，予以修理。 ④檢測主油路油壓。如果怠速時的主油路油壓高，則說明主油路調壓閥或節流閥有故障，可能是調壓彈簧的預緊力過大或閥芯卡滯所致；如果怠速時主油路油壓正常，但起步前進檔時有較大的衝擊，則說明前進離合器或倒檔及高檔離合器的進油單向閥鋼球損壞或漏裝。拆卸閥板檢修。 ⑤檢測換檔時的主油路油壓。在正常情況下，換檔時的主油路油壓會有瞬時的下降。如果換檔時主油路油壓沒有下降，則說明油壓調節閥活塞卡滯。對此，應拆檢閥板和油壓調節閥。

續表

症狀／診查項目	故障現象／原因	故障診斷或排除措施
升檔過遲	在汽車行駛中，升檔車速明顯高於標準值，升檔前引擎轉速偏高；必須採用鬆油門提前升檔的操作方法，才能使自動變速箱升入高檔或超速檔。 ①節氣門拉索或節氣門位置感知器調整不當；節氣門位置感知器損壞。 ②主油路的油壓或節流閥油壓太高。 ③強制降檔開關短路。 ④電腦或感知器有故障。	①對於電子控制自動變速箱，應先進行故障自診斷。如有故障代碼，則按所顯示的故障代碼查找故障原因。 ②檢查節氣門拉索或節氣門位置感知器的調整情況。如果不符合標準，應重檢修匹配。 ③檢查強制降檔開關。如有短路，予以修復或更換。 ④測量怠速時的主油路油壓，並與標準值進行比較。若油壓太高，應通過節氣門拉索或節氣門位置感知器予以調整。採用真空式節流閥的自動變速箱，應採用減小節流閥推桿的長度的方法，予以調整。若調整無效，應拆檢主油路調壓閥或節流閥。 ⑤調速器油壓正常，則升檔過遲的故障原因為換檔閥工作不良。對此，應拆檢或更換閥板。
不能升檔	汽車行駛中自動變速箱始終保持在1檔，不能升入2檔和高速檔；行駛中自動變速箱可以升入2檔，但不能升入3檔和超速檔。 ①節氣門拉索或節氣門位置感知器調整不當與損壞。 ②調速器有故障。 ③車速感知器有故障。 ④2檔制動器或高檔離合器有故障。 ⑤換檔閥卡滯。 ⑥檔位開關有故障。	①對於電子控制自動變速箱，應先進行故障自診斷。影響換檔控制的感知器有節氣門位置感知器、車速感知器等。按所顯示的故障代碼查找故障原因。 ②檢查檔位開關的信號。如有異常，應予以調整或更換。 ③測量調速器油壓。若車速升高後調速器油壓仍為0或很低，說明調速器有故障或調速器油路嚴重洩漏。對此，應拆檢調速器。調速器閥芯如有卡滯，應分解清洗，並將閥芯和閥孔用金相砂紙拋光。若清洗拋光後仍有卡滯，應更換調速器。 ④若調速器油壓正常，應拆卸閥板，檢查各個換檔閥。換檔閥如有卡滯，可將閥芯取出，用金相砂紙拋光，再清洗後裝入。如不能修復，應更換閥板。 ⑤若控制系統無故障，應分解自動變速箱，檢查各個換檔執行元件有無打滑現象，用壓縮空氣檢查各個離合器、制動器油路或油壓調節閥有無洩漏。

續表

症狀／診查項目	故障現象／原因	故障診斷或排除措施
無超速檔	在汽車行駛中，車速已升高至超速檔工作範圍，但自動變速箱不能從3檔換入超速檔；在車速已達到超速檔工作範圍後，採用提前升檔（即鬆開油門踏板幾秒後再踩下）的方法也沒有辦法使自動變速箱升入超速檔。 ①超速檔開關或其他超速電子控制元件有故障。 ②超速行星齒輪組上的直接離合器或是直接單向超越離合器卡死。 ③超速制動器打滑。 ④檔位開關有故障。 ⑤ATF油溫度感知器有故障。 ⑥節氣門位置感知器有故障。 ⑦換檔閥卡滯。	①對於電子控制自動變速箱，應先進行故障自診斷，檢查有無故障代碼。ATF油溫度感知器、節氣門位置感知器、超速電磁閥等元件的故障都會影響超速檔的換檔控制。按顯示的故障代碼查找故障原因。 ②檢查ATF油溫度感知器在不同溫度下的電阻值，並與標準值進行比較。如有異常，應更換ATF油溫度感知器。 ③檢查檔位開關和節氣門位置感知器的信號。檔位開關的信號應和排檔桿的位置相符。節氣門位置感知器的電阻或輸出電壓應能隨節氣門的開大而上升，並與標準相符。如有異常，應予以調整。若調整無效，應更換檔位開關或節氣門位置感知器。 ④檢查超速電磁閥的工作情況。打開點火開關，但不要啟動引擎，在按下超速檔開關時，檢查超速電磁閥有無工作的聲音。如果超速電磁閥不工作，應檢查控制線路或更換超速電磁閥。 ⑤檢查在空載狀態下自動變速箱的升檔情況。
無前進檔	汽車在前進檔時不能行駛；排檔桿在D位時不能起步，在S位、L位（或2位、1位）時可以起步。 ①前進離合器嚴重打滑。 ②前進單向超越離合器打滑或裝反。 ③前進離合器油路嚴重洩漏。 ④排檔桿調整不當。	①檢查排檔桿（檔位操縱機構）的調整情況。如果異常，應按規定程序重新調整。 ②測量前進檔主油路油壓。若油壓過低，說明主油路嚴重洩漏，應拆檢自動變速箱，更換前進檔油路上各處的密封圈和密封環。 ③若前進檔的主油路油壓正常，應拆檢前進離合器。如摩擦片表面粉末冶金有燒焦或磨損過甚，就更換摩擦片。 ④若主油路油壓和前進離合器均正常，則應拆檢前進單向超越離合器，檢查前進單向超越離合器的安裝方向是否正確以及有無打滑。如果裝反，應重新安裝；如有打滑，應更換新件。
無倒檔	汽車在前進檔能正常行駛，但在倒檔時不能行駛。 ①排檔桿調整不當。 ②倒檔油路洩漏。 ③倒檔及高檔離合器或低檔及倒檔制動器打滑。	①檢查排檔桿的位置。如有異常，應按規定程序重新調整。 ②檢查倒檔油路油壓。若油壓過低，則說明倒檔油路洩漏。拆檢自動變速箱。 ③若倒檔油路油壓正常，應拆檢自動變速箱，更換損壞的離合器片或制動器片。

續表

症狀／診查項目	故障現象／原因	故障診斷或排除措施
跳檔	汽車以前進檔行駛時，即使油門踏板保持不動，自動變速箱仍會經常出現突然降檔現象；降檔後引擎轉速異常升高，並產生換檔震動。 ①節氣門位置感知器有故障。 ②車速感知器有故障。 ③控制系統電路搭鐵不良。 ④換檔電磁閥接觸不良。 ⑤AT電腦故障。	①對於電子控制自動變速箱，應先進行故障自診斷。如有故障代碼出現，按所顯示的故障代碼查找故障原因。 ②測量節氣門位置感知器。如有異常，應更換。 ③測量車速感知器。如有異常，應更換。 ④檢查控制系統電路各搭鐵線的接地狀態。如有搭鐵不良現象，應予以修復。 ⑤拆下自動變速箱油底殼，檢查各換檔電磁閥線束接頭的連接情況。如有鬆動，應予以修復。 ⑥檢查控制系統電腦各接線端子的工作電壓。如有異常，應予以修復或更換。 ⑦閥板或電腦故障。 ⑧更換控制系統線束。
入檔後引擎怠速易熄火	引擎怠速運轉時將排檔桿由P位或N位換入R位、D位、S位、L位（或2位、1位）時引擎熄火；在前進檔或倒檔行駛中，踩下煞車踏板停車時引擎熄火。 ①引擎怠速過低。 ②閥板中的鎖定控制閥卡滯。 ③檔位開關有故障。 ④輸入軸轉速感知器有故障。	①在空檔或停車檔時，檢查引擎怠速。 ②對於電子控制自動變速箱的信號，應先進行故障自診斷，按所顯示的故障代碼查找故障原因。 ③檢查檔位開關的信號，應與排檔桿的位置相一致，否則應予以調整或更換。 ④檢查輸入軸轉速感知器。如有損壞應更換 ⑤拆卸閥板，檢查鎖定控制閥。如有卡滯應清洗拋光後裝復。如仍不能排除故障，應更換閥板。若油底殼內有大量的摩擦粉末，分解自動變速箱檢修。

續表

症狀/診查項目	故障現象/原因	故障診斷或排除措施
無引擎煞車	在行駛中，當排檔桿位於前進低檔（S、L或2、1）位置時，鬆開油門踏板，引擎轉速降至怠速，但汽車沒有明顯減速；下坡時，排檔桿位於前進低檔，但不能產生引擎煞車作用。 ①檔位開關調整不當。 ②排檔桿調整不當。 ③2檔強制制動器打滑或低檔及倒檔制動器打滑。 ④控制引擎煞車的電磁閥有故障，閥板有故障。 ⑤自動變速箱打滑。 ⑥電腦故障。	①對於電子控制自動變速箱，應先進行故障自診斷，按所顯示的故障代碼查找故障原因。 ②路試，檢查加速時自動變速箱有無打滑現象。如有打滑，應拆修自動變速箱。 ③如果排檔桿位於S位時沒有引擎煞車作用，但排檔桿位於L位時有引擎煞車作用，則說明2檔強制制動器打滑，應拆修自動變速箱。 ④如果排檔桿位於L位時沒有引擎煞車作用，但排檔桿位於S位時有引擎煞車作用，則說明低檔及倒檔制動器打滑，應拆修自動變速箱。 ⑤檢查控制引擎煞車的電磁閥線路有無短路或斷路；電磁閥線圈電阻是否正常；通電後有無工作聲音。如有異常，應修復或更換。 ⑥拆卸閥板總成，清洗所有控制閥。閥芯如有卡滯可拋光後裝復。如拋光後仍有卡滯，應更換閥板。 ⑦檢測各接線端子電壓。要特別注意與節氣門位置感知器、檔位開關連接的各接線端子的電壓。如有異常，應做進一步的檢查。 ⑧電腦故障。
不能強制降檔	當車輛以3檔或超速檔行駛時，突然將油門踏板踩到底，自動變速箱不能立即降低一個檔位，致使汽車加速無力。 ①節氣門拉索或節氣門位置感知器調整不當。 ②強制降檔開關損壞或安裝不當。 ③強制降檔電磁閥損壞或線路短路、斷路。 ④閥板中的強制降檔控制閥卡滯。	①檢查節氣門控制情況。 ②在自動變速箱線束插頭處測量強制降檔電磁閥。如有異常，則故障原因是線路短路、斷路或電磁閥損壞。對此，應檢查線路或更換電磁閥。 ③打開自動變速箱油底殼。拆下強制降檔電磁閥，檢查電磁閥的工作情況。如有異常，應予以更換。 ④拆卸閥板總成，分解、清洗，檢查強制降檔控制閥。
鎖定離合器無鎖定	汽車行駛中，車速、檔位已滿足鎖定離合器起作用的條件，但鎖定離合器仍沒有產生鎖定作用；汽車油耗比較明顯。 ①液壓油溫度感知器有故障 ②節氣門故障。	①對於電子控制自動變速箱，應先進行故障自診斷，檢查有無故障代碼。如有故障代碼，則可按顯示的故障代碼查找對應的故障原因。與鎖定控制有關的元件包括液壓油溫度感知器、節氣門位置感知器、鎖定電磁閥等。 ②檢查節氣門位置感知器。如果在一定節氣門開度下的節氣門位置感知器輸出電壓過高或電位計電阻過大，應予以調整。若調整無效，應更換節氣門位置感知器。

續表

症狀／診查項目	故障現象／原因	故障診斷或排除措施
鎖定離合器無鎖定	③鎖定電磁閥有故障或線路短路、斷路。 ④鎖定控制閥有故障。 ⑤鎖定離合器損壞。	③打開油底殼，拆下ATF油溫度感知器。檢測ATF油溫度感知器。如不符合標準，應更換ATF油溫度感知器。 ④測量鎖定電磁閥。如有短路或斷路，應檢查電路。如電路正常，則應更換電磁閥。 ⑤拆下鎖定電磁閥，進行檢查。 ⑥若控制系統無故障，則應更換液體扭力變換接合器。
自動變速箱異響	在汽車運轉過程中，自動變速箱內始終有異常響聲；汽車行駛中自動變速箱有異響，停車入空檔後異響消失。 ①油泵因磨損過甚或ATF油油面高度過低、過高而產生異響。 ②液體扭力變換接合器因鎖定離合器、導輪單向超越離合器等損壞而產生異響。 ③行星齒輪機構異響及換檔執行元件異響。	①檢查自動變速箱液壓油油面高度。若太高或太低，應調整至正常高度。 ②升起車輛，啟動引擎，在空檔、前進檔、倒檔等狀態下檢查自動變速箱產生異響的部位和時刻。 ③若任何檔位下自動變速箱中始終有連續的異響，通常為油泵或液體扭力變換接合器異響。對此，應拆檢自動變速箱，檢查油泵有無磨損、液體扭力變換接合器內有無大量摩擦粉末。如有異常，應更換油泵或液體扭力變換接合器。 ④若只在行駛中才有異響，則為行星齒輪機構異響。檢查行星齒輪組各個零件有無磨損痕跡，齒輪有無斷裂，單向超越離合器有無磨損、卡滯，軸承或止推墊片有無損壞。如有異常，應予以更換。

4.4

自動變速箱齒輪機構分解與維修

4.4.1 軸的分解、檢查和組合

導讀提示 ↘

以5檔自動變速箱為例執行主軸拆解、檢查和重新組裝

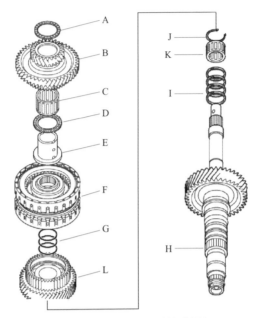

圖4-38　主軸（輸入軸）裝配

圖解

如圖4-38所示，主軸（輸入軸）裝配步驟如下。

①將止推滾針軸承A、主軸（輸入軸）5檔齒輪B、滾針軸承C、止推滾針軸承D、主軸5檔齒輪隔圈E、4檔／5檔離合器F和O形圈G從主軸H上拆下。

②檢查密封環I情況。如果密封環磨損、變形或損壞，拆下固定環J和滾針軸承K，然後換上新的密封環。

③檢查止推滾針軸承和滾針軸承是否磨損和移動不穩。

④檢查花鍵是否過度磨損和損壞。

⑤檢查4檔齒輪是否磨損和損壞，並檢查4檔齒輪軸承是否磨損和轉動不穩。

⑥如果4檔齒輪或軸承磨損或損壞，更換主軸（輸入軸）4檔齒輪L。

⑦檢查第二軸（中間軸）軸承表面是否有刮痕和過度磨損。

⑧重新裝配時用ATF潤滑所有零件。

⑨用膠帶纏繞軸花鍵以免損壞O形圈，將新O形圈安裝到主軸（輸入軸）上，然後拆下膠帶。

⑩安裝4檔/5檔離合器。

安裝主軸（輸入軸）5檔齒輪隔圈、止推滾針軸承、滾針軸承、主軸（輸入軸）5檔齒輪和止推滾針軸承。

4.4.2 齒輪的更換

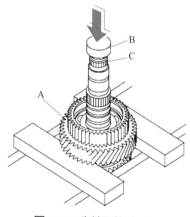

圖4-39 齒輪更換（一）

圖解

如圖4-39、圖4-40所示，齒輪的更換步驟如下。

①用壓力機拆下主軸（輸入軸）4檔齒輪A。在壓力機和主軸（輸入軸）C之間放置一個軸保護器B以免損壞主軸。

②將新主軸（輸入軸）4檔齒輪A滑到主軸（輸入軸）B上，然後用專用工具和壓力機將它壓到位。

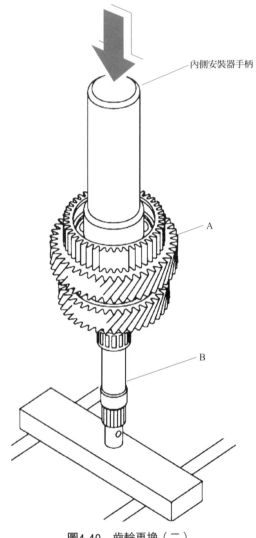

內側安裝器手柄

A

B

圖4-40　齒輪更換（二）

4.4.3　第二軸（中間軸）裝配分解

第二軸（中間軸）裝配分解及組件見圖4-41、圖4-42。

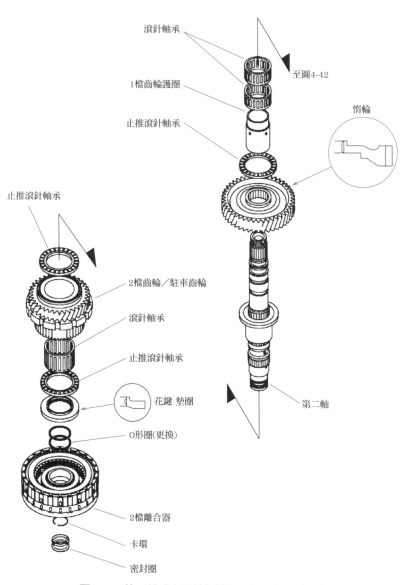

滾針軸承

至圖4-42

1檔齒輪護圈

惰輪

止推滾針軸承

止推滾針軸承

2檔齒輪／駐車齒輪

滾針軸承

止推滾針軸承

花鍵 墊圈

O形圈(更換)

第二軸

2檔離合器

卡環

密封圈

圖4-41　第二軸（中間軸）裝配分解及組件（一）

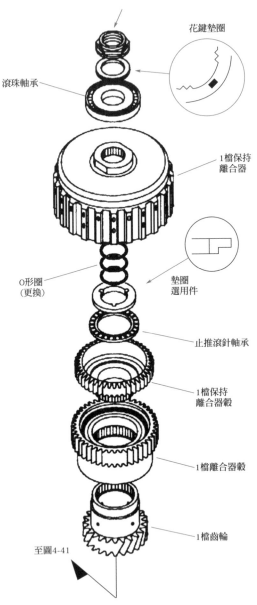

花鍵墊圈

滾珠軸承

1檔保持
離合器

O形圈
（更換）

墊圈
選用件

止推滾針軸承

1檔保持
離合器轂

1檔離合器轂

1檔齒輪

至圖4-41

圖4-42 第二軸（中間軸）裝配分解及組件（二）

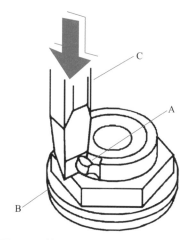

圖4-43　第二軸（中間軸）分解（一）

圖解 》》》

如圖4-43所示，用衝子C切斷第二軸（中間軸）鎖緊螺帽B上的鎖片A。

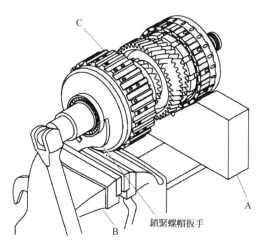

鎖緊螺帽扳手

圖4-44　第二軸（中間軸）分解（二）

293

圖解

如圖4-44所示，
①先將V形塊A放到台鉗B上，並將第二軸（中間軸）C放到V形塊和台鉗上。
②將鎖緊螺帽扳手安裝到1檔離合器導管，並用台鉗固定住鎖緊螺帽扳手，夾緊第二軸（中間軸）。鎖鬆鎖緊螺帽，並將其拆下。從軸的花鍵和花鍵墊圈上磨去所有毛刺。

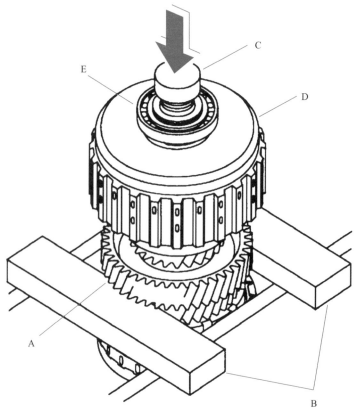

圖4-45　第二軸分解（三）

圖解

如圖4-45所示，

①將惰輪A放在壓力機底座B上，並在第二軸D和壓力機之間放置一個軸保護器C，以免損壞第二軸。

②用一隻手支撐住第二軸（中間軸），然後將第二軸（中間軸）從壓配合軸承E中壓出。將第二軸（中間軸）從壓配合軸承中壓出時，第二軸（中間軸）拆下。

第5章

車身電器系統

汽車維修技能

QICHE WEIXIU JINENG QUANCHENG TUJIE

5.1

汽車電學技術

5.1.1 電器／電子系統基本原理

導讀提示 ↘

汽車電器／電子系統的基礎知識對於維修人員來說非常重要，這樣就會更清楚地了解電或機電系統內的複雜關係，有效地促進實際維修作業效率。

本節以簡明扼要的方式講述電工學方面的基礎知識，其中既包括最重要的電工學公式和定律，而且還介紹了最重要的組件，例如電阻、電容器、電感線圈等。

(1) 電壓

①測量電壓　用電壓錶測量電壓。測量電學參數（電壓、電流、電阻）時通常使用一個數位三用電錶。

 圖解

如圖5-1所示，測量電阻R2的電壓。

電壓錶始終與用電器、元件或電壓電源並聯在一起。

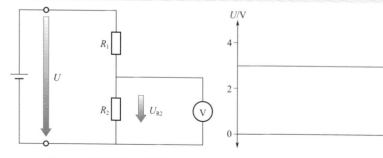

圖5-1　測量電阻R2的電壓

圖5-2　理想直流電壓示意

為了不影響待測電路，電壓錶內阻應盡可能大。用電壓錶測量時要注意以下幾點：

a. 必須選擇量測電壓類型，即交流電壓或直流電壓（AC／DC）。

b. 開始時應選擇較大的測量範圍（範圍）。

c. 測量直流電壓時注意極性。

d. 測量後要將電壓錶調到最大的交流電壓範圍。

②直流電壓

 圖解

如圖5-2所示，電壓值和極性保持不變的電壓稱為恆定（理想）直流電壓。電壓值變化和極性保持不變的電壓稱為直流電壓。

最常用的直流電壓電源包括原電池（電瓶）、直流發電機（或交流發電機接有整流器）、光電池（太陽能系統）和開關模式電源。在技術領域還通常組合使用變壓器和整流器。

③交流電壓　數值大小和極性不斷變化的電壓和電流稱為交流電壓和交流電流。交流電壓的典型代表是居家常用「來自插座的電流」。

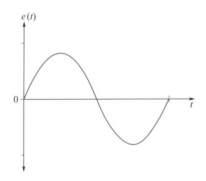

圖5-3　交流電壓示意

圖5-4　電流的產生
（電子的定向移動）

圖解

如圖5-3所示，顯示了一個正弦交流電壓e(t)隨時間(t)變化的情況。交流電壓的特點是其方向呈週期性變化。

⚠ 小提醒：

在歐洲，交流電壓為230V，頻率為50Hz。該頻率（通常也稱為電源頻率）表示每秒鐘電流朝相同方向流動的次數。

（2）電流

①電流產生　每個時間單位內流動的電子（電荷載體）數量就是電流強度，俗稱電流。每秒鐘內流經導體的電子越多，電流強度就越大。電流強度用電流錶測量。

 圖解

如圖5-4所示，電流是指電荷載體（例如物質或真空中的自由電子或離子）的定向移動。

⚠ 小提醒：

什麼是電荷載體？

電荷載體可以是電子（金屬電荷載體）或離子（液態和氣態電荷載體）。由於外側電子（價電子）與原子核的距離相對較遠，因此這些電子與原子核的連接較弱。原子吸收能量（例如熱、光和化學過程）後，價電子從原子外側殼體上脫離，形成自由電子。

自由電子從一個原子移動到另一個原子時稱為電子流動或電流。

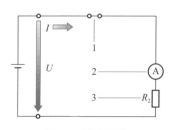

圖5-5 閉合電路

1—開關；2—電流錶；3—電阻

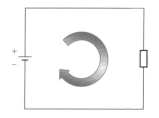

圖5-6 直流電流方向

圖解

　　如圖5-5所示，電壓是產生電流的原因。只有在閉合的電路內才有電流流動（本章5.1.2會講解汽車閉合電路）。

　　電路由電源（例如電池）、用電器（例如燈泡）和導線組成。通過開關可使電路閉合或斷開。

　　每個電導體都帶有自由電子。電路閉合時，所施加的電壓使導體和用電器的所有自由電子同時朝一個方向移動。

②直流電流　最簡單的情況是，電流流動不隨時間而改變，這種電流稱為直流電流（DC）。

圖解

　　如圖5-6所示，直流電流方向從正極流向負極。

③交流電流　除直流電流外還有交流電流（AC）。交流電流是指以週期方式改變其極性（方向）和電流值（強度）的電流。該定義也適用於交流電壓。交流電流的特點是其電流方向呈週期性變化。電流變化頻率（通常也稱為電源頻率）表示每秒鐘內電流朝相同方向流動的次數。

④脈動電流　如果在一個電路中直流電源和交流電源可同時起作用，就會產生脈動電流。因此，週期電流是直流電流與交流電流疊加的結果。

⑤測量電流

　　a.電流錶測量電流。電流錶須與電器串聯在一起。為此必須斷開電路導線，以將電流錶加入電路中。測量時電流必須流經電流錶。

電流錶內阻應盡可能低，以免影響電路。

用電流錶測量時要注意以下幾點：

· 注意電流類型，即電路中流過的是交流電流還是直流電流（AC／DC）。

· 開始時應選擇盡可能大的範圍。

· 注意直流電流的極性。

· 測量後要將電流錶調到最大交流電壓範圍。

　　b.電流感應夾測量電流。見圖5-7。

 圖解 >>>

　　如圖5-7所示，使用電流感應夾測量電流。如果待測電流強度大於10A，那麼用電流感應夾測量電流的優勢非常突出。另一個優點是測量電流強度時不需將電路打開串聯。

圖5-7　電流感應夾測量電流

1—電流感應夾；2—電瓶負極單線

（3）電阻

簡單地說，干擾電子流動的效應稱為電阻。

該效應使電阻具有限制電路內電流的特點。在電子系統中，電阻的作用非常重要。除作為元件的標準電阻外，其他各元件都有一個可影響電路電壓和電流的電阻值。

①電阻測量　歐姆電阻值用歐姆表測量。在大多數情況下使用多範圍檔位三用電錶，以免出現讀數錯誤和不準確。測量電阻應注意以下幾點：

　　a.測量期間不得將待測元件連接在電壓電源上，因為歐姆表使用本身的電壓電源並通過電壓或電流確定電阻值。

　　b.待測元件必須至少有一側與電路分離，否則與其並聯的元件會影響測量結果。

　　c.極性無關緊要。

②導體的電阻　導線的電阻取決於導體的尺寸、電阻係數（材質）和溫度。導體越長電阻值越大。導體橫截面越大電阻值越小。相同尺寸的不同材料其電阻值不同。

③作為元件使用的電阻　由於在大多數情況下導線的電阻都會帶來不利影響，因此電子系統通常需要將電路電流限制在一個特定限值內。在此根據具體用途將對應類型和大小的電阻作為元件使用。由於電阻尺寸通常很小且不印出或很難看清電阻值，因此通常用色碼來表示電阻值。

 圖解

　　如圖5-8所示，每種顏色都代表一個特定的阻值，因此可以通過計算色碼數值總和得到電阻值（見表5-1）。電阻上註明的電阻值僅適用於溫度20℃的條件。之所以有這種限制是因為所有材料的電阻都會隨溫度而變化。

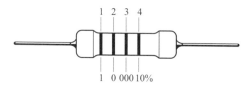

圖5-8　電阻阻值

表5-1　圖解（圖5-8）電阻阻值

圖標	顏色	數值				
1	褐色	1				
2	黑色		0			10kΩ
3	橙色			000		
4	銀色				10	誤差±10%

電阻值通過壓印在電阻器上的數值或通過色環識別，見表5-2。

表5-2　電阻阻值識別

顏色	第1環	第2環	第3環	第4環
	第1個數字	第2個數字	零的數量	誤差%
黑色	—	0	無0	—
棕色	1	1	0	1
紅色	2	2	00	2
橙色	3	3	000	—
黃色	4	4	0000	—
綠色	5	5	00000	—
藍色	6	6	000000	—
紫色	7	7	0000000	—
灰色	8	8	—	—
白色	9	9	—	—
金色	—	—	×0.1	±5%
銀色	—	—	×0.01	±10%
無色	—	—	—	±20%

（4）電容器

電容器是一個能夠存儲電荷或電能的元件。 最簡單的電容器由兩個對置的金屬板和金屬板之間的一個絕緣體組成。

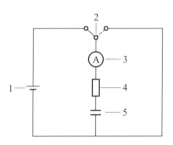

圖5-9　電容器的充電和放

1—直流電壓電源；2—開關；3—電流錶；4—電阻；5—電容器

  圖解

圖5-9所示為電容器的充電和放電。

通過開關閉合將一個直流電壓電源連到電容器上時，就會進行電荷轉移。一個電容器金屬板上電子過剩（負電荷），另一個金屬板上的電子不足（正電荷）。

短時內流過一股充電電流，直至電容器充滿電。該電流可用電流錶測量。

電容器充滿電時不再有電流流過（電流錶顯示0），即使之後電壓電源仍保持連接狀態。隨後電容器仍阻斷直流電流，即電容器電阻變為無限大。

電容器與直流電壓電源斷開後電容器仍保持充電狀態，即兩個金屬板之間存在電位差。電容器存儲了電能。

（5）線圈和電感

在車輛電器系統上線圈有多種用途，例如用作點火線圈、用於繼電器和電動機內。在車輛電子系統上，線圈用於感應式感知器內，例如曲軸和凸輪軸位置感知器。但線圈也可以用於輸送能量（變壓器）或進行過濾（例

如分頻器）。在繼電器內利用線圈的磁力切換開關。

　　導電體的磁場：在每個載流導體周圍都有一個磁場。磁力線的形狀為閉合的圓圈。

　　線圈：基本線圈是指纏繞在一個固體上的導線。但不一定要有這個固體。它主要用於固定較細的導線。

　　有電流經過線圈時，就會產生磁場。線圈將電能存儲在磁場中。切斷電流時，磁能重新轉化為電能，產生感應電壓。線圈最重要的物理特性是其電感。

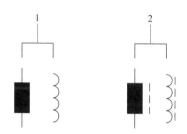

圖5-10　線圈的電路符號

1—沒有鐵芯的線圈；2—有鐵芯的線圈

 圖解

　　如圖5-10所示，線圈用在變壓器、繼電器和電動機內。線圈有不同的電路符號。

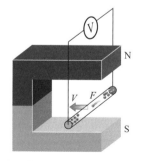

圖5-11　電磁感應

圖解

　　如圖5-11所示，導體或線圈在磁場中移動時，導體或線圈內就會產生一個電壓。磁場強度改變時，導體或線圈內也會產生電壓。該過程稱為電磁感應，產生的電壓稱為感應電壓。

　　感應電壓的大小取決於磁場的強度（繞組數量N、電流強度I以及線圈結構）。

　　電導體或線圈在磁場中的移動速度不斷變化感生出的電流經過線圈時，線圈周圍就會產生一個不斷變化的磁場。電流每變化一次線圈內都會產生一個自感應電壓。產生該電壓的目的在於抵消電流變化。

　　簡單地說，電感對磁場變化（建立和消失）的反作用與物理學中的慣性原理相似。

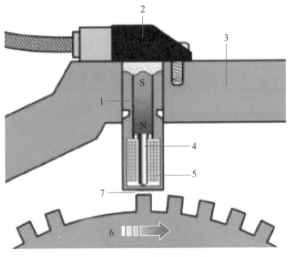

圖5-12　曲軸位置感知器

1—永久磁鐵；2—感知器殼體；3—引擎（變速箱）殼體；
4—軟鐵芯；5—線圈；6—信號盤（輪）；7—齒隙

圖解

　　如圖5-12所示，曲軸位置感知器測量引擎轉速。它由一個永久磁體和一個帶有軟鐵芯的感應線圈構成。飛輪上裝有一個齒圈作為脈衝感知器。在感應式感知器與信號齒圈之間只有一個很小的間隙。經過線圈的磁流情況取決於感知器對面是凹槽間隙還是輪齒。輪齒將散亂的磁流集中起來，而凹槽間隙則會削弱磁流。飛輪及齒圈轉動時，就會通過各個信號輪齒使磁場產生變化。

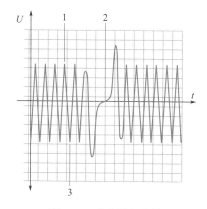

圖5-13　感應電壓曲線

1─輪齒；2─基準標記；3─齒隙

圖解

　　如圖5-13所示，磁場變化時在線圈內產生感應電壓。每個單位時間內的脈衝數量是計算飛輪轉速的標準。控制單元（ECU）也可以通過已知的齒圈齒隙確定引擎的當前位置。

　　通常使用60齒距的脈衝信號輪，缺少一或兩個輪齒的部位定為基準標記。

5.1.2　電器系統的基本電路

（1）閉合電路

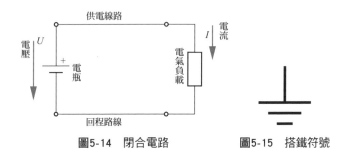

図5-14　閉合電路　　　図5-15　搭鐵符號

圖解

　　如圖5-14所示，閉合電路由供電電源（電瓶）、電器負載、供電線路和回程路線組成。在汽車電器系統中，電瓶（鉛酸電池）作為供電電源使用。電源有兩極，即正極和負極，通過不同的電子密度進行區分。

　　元件通過標準圖形或電路符號來表示。

　　在汽車電器系統中也通過電路圖的形式來表示電路。在德系車輛中，回程路線通過車身體實現，即搭鐵或搭鐵端。搭鐵用如圖5-15的電路符號來表示。

　　車內所有搭鐵都以電器方式通過車身彼此相連。車身通過一根銅帶與電瓶的負極接線柱連在一起。

（2）熱敏電阻器的電路

　　PTC 熱敏電阻器的阻值隨溫度升高而增加。因此，這種熱敏電阻器的溫度系數稱為正溫度系數。這表示，該電阻器在低溫條件下比高溫條件下能夠更有效地導電。車外後視鏡內加熱控制電路見圖5-16。

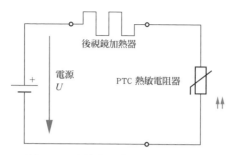

圖5-16　車外後視鏡內加熱控制電路

（3）基本電路列表（表 5-3）

表5-3　基本電路列表

電路	圖示	圖解
通路	負載 電源　開關	也叫迴路，是指從電源的一端沿著導線經過負載最終回到電源另一端的閉合電路
斷路	負載 電源　開關	也叫開路，斷開開關，電源構不成迴路，此時電路中的電流為零
短路	負載 電源　短接　開關	負載被導線直接短接或負載內部擊穿損壞，電荷沒有經過負載，直接從正極到達負極，此時流過電路的電流很大
串聯	R_1　R_2 電源	兩個或多個元件首尾相接在電路中，使電流只有一條通路，這種連接方式叫串聯，左圖所示即為電阻R1、R2的串聯電路
並聯	電源　R_1　R_2	若干個元件首與首連接，尾與尾連接，接到一個電源上，這種連接方法叫並聯，左圖所示即為電阻R1、R2的並聯電路

5.1.3 電器系統的基礎元件

（1）點火開關

圖5-17 點火開關

 圖解

　如圖5-17所示，點火開關有4個檔位。

①LOCK　鎖止汽車，一般的車鑰匙放到這個檔位就等於鎖死了方向盤，方向盤不能有太大的活動。

②ACC　給全車通電，收音機、車燈等可正常使用，但不可使用空調。

③ON　除了引擎，其餘的基礎設備都是開著的，可以為方向盤解鎖，可以使用空調，但空調的製冷效果不是很好。正常行車時鑰匙處於「ON」狀態，這時全車所有電路都處於工作狀態。

④START檔　是引擎啟動檔位，啟動後會自動恢復正常狀態也就是「ON」檔。

（2）繼電器（盒）

圖5-18　繼電器（福斯車系）

圖5-19　繼電器（福斯車系）

 圖解

　　如圖5-18、圖5-19所示，繼電器在此起開關作用。其功能是控制某一迴路的接通或者斷開。

311

（3）保險絲及易熔絲（盒）

圖5-20　保險絲（盒）

 圖解

　　如圖5-20所示，保險絲功能是保護電路過載。當電路中的電流強度達到或超過極值時，熔絲被燒斷，從而切斷該電路，保護電路中的用電器和導線。

（4）連接器和插接件

 圖解

　　如圖5-21～圖5-30所示，在整車電路中，各個連接器或者插接件都是一一對應的，插頭和插座導線相同、顏色相同。

　　為防止汽車顛簸時連接器或插接件鬆動，各種連接器或插接件都有鎖扣卡，拆卸時要首先注意鎖扣卡的朝向，打開鎖扣卡，然後再拆卸連接器或插接件插頭。

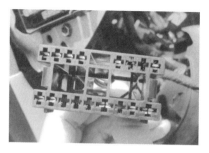

圖5-21 大燈組合插頭

圖5-22 煞車燈組合燈光插頭

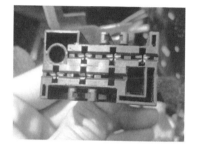

圖5-23 （轉向雨刷）組合開關插頭

圖5-24 自診斷接口

圖5-25 組合儀表插頭

圖5-26 組合儀表背面（插座）

圖5-27　組合開關插頭和插座

插接器鎖扣卡

圖5-28　插接件（插頭和插座）

圖5-29　連接器　　　　圖5-30　線束排

5.1.4 搭鐵點（圖5-31～圖5-34）

圖5-31 搭鐵點（一）

圖5-32 搭鐵點（二）

圖5-33 搭鐵點（三）

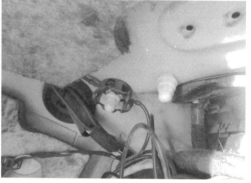

圖5-34 搭鐵點（四）

5.1.5 電路圖識讀

（1）發電機電路

 圖解　

　　如圖5-35所示，在電路原理圖中，各電器元件均採用圖形符號表示。其中某些圖也表示電器元件的內部工作原理。圖中可以清楚地識別出磁場線圈、靜子線圈、整流元件、電壓調節器以及它們之間的線路連接。

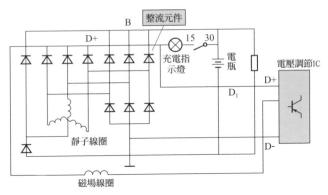

圖5-35　發電機基本電路

（2）電子控制單元

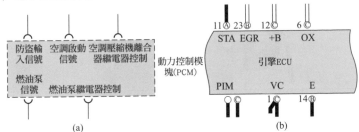

圖5-36　電子控制單元及插腳

 圖解

圖5-36(a)為通用車系電腦腳位；圖5-36(b)為豐田車系電腦腳位。

在各電器元件中，比較難表達清楚的是電子控制單元，儘管維修時不需要知道電腦內的電路，但必須要知道各腳位的作用。對各腳位的說明一般有以下兩種形式：

①電腦各腳位處寫出較詳細說明文字〔圖5-36(a)〕。

②電腦各腳位處有縮略語、字母或數字，並於圖後附表對各腳位進行說明〔圖5-36(b)〕。

（3）導線

①導線標註 為便於在線束中查找導線，在電路原理圖中，一般要對導線的線徑、顏色甚至所屬的電器系統做出標註。

②線徑 一般用數字來表示，數字大小代表導線橫切面的面積（單位 mm^2）。

③導線顏色 一般用字母作為代碼（表5-4）。

表5-4 部分主流車系或車型常用導線顏色縮寫代碼

導線顏色	福斯／奧迪	賓士	BMW	雪鐵龍	別克	福特	豐田	現代	馬自達
白色	ws	wt	ws	B	WS	WH	WHT	W	W
黑色	sw	bk	sw	N	BK	BK	BLK	B	B
紅色	ro	rd	rd	R	RD	RD	RED	R	R
棕色	br	br	br			BN	BRN	Br	BR
綠色	gn	gn	gn	V	GN	GN	GRN	G	G
藍色	bl	bu	bl	Bl	BU	BU	BLU	L	L
灰色	gr	gr	gr	G	GY	GY	GRY	Gr	GY
粉紅色	rs	pk	rs	Ro		OG	PNK	P	P
黃色	ge	yl	ge			YE	YEL	Y	Y
橘黃色	or		or	Or			ORN	O	O
紫色		vi	vi		PU	VT	PUR		V
淡紫色	li								
深藍				Mv	D-BU				DL
淺藍					L-BU		LT BLU		LB
紫羅蘭				vi					
檸檬黃				J					
栗色				M					
深綠					D-GN				DG
淺綠					LG	LG	LT GRN	Lg	LG
褐色					BN				T
棕黃色					TN				

④接線柱標註　接線腳位標註常用代碼見表5-5。

表5-5　福斯車型腳位代碼

端子	說明	端子	說明
1	點火線圈負極端（轉速信號）	86	繼電器電磁線圈供電端
4	點火線圈中央高壓線輸出端	87	繼電器白金接點輸入端
15	點火開關在「ON」「START」時的有電的接線端	87a	當繼電器線圈沒有電流時，繼電器白金接點輸出端
30	接電瓶正極的接線端，還用31a、31b、31c表示	87b	當繼電器線圈有電流時，繼電器白金接點輸出端
31	搭鐵端，接電瓶負極	88	繼電器白金接點輸入端
49	轉向信號輸入端	88a	繼電器白金接點輸出端
49a	轉向信號輸出端	B+-	交流發電機輸出端，接電瓶正極
50	起動馬達控制端，當點火開關在「START」時有電	B-	搭鐵，接電瓶負極
53	雨刷馬達接電源正極端	D+-	發電機正極輸出端
53a～c	其他雨刷馬達接線端	D	同D+
54	煞車燈電源端	D-	搭鐵，接電瓶負極
56	前照燈變光開關正極端	DF	交流發電機激磁電路的控制端
56a	遠光燈接線端	DYN	同D+
56b	近光燈接線端	E	同DF
58	停車燈正極端	EXC	激磁端，同DF
61	發電機接充電警告燈端	F	激磁端，同DF
67	交流發電機激磁端	IND	警告燈，同61
85	繼電器電磁線圈搭鐵端	+	輔助的正極輸出

5.1.6 電路原理圖分析方法

(1) 電路原理圖的識讀方法

電路原理圖的識讀方法見表5-6。

表5-6 電路原理圖的識讀方法

項目	說明	
判斷該電器系統的控制方式	電腦與電源的連接電路	若該用電器電路中使用了繼電器，則要區分主電路及控制電路 注意，無論主電路還是控制電路，往往都不止一條
	信號輸入電路	
	作動器工作電路	
識圖從用電器入手	在電路圖中，從其他部分處入手，不利於掌握各電器的工作原理，而從用電器入手，很容易把與之相關的控制器件查找出來	
運用迴路原則	通過運用迴路原則，找出用電器與電源正負極構成的迴路	

(2) 電路原理圖識讀技巧

①電路依作用來分，可分為電源電路、搭鐵電路、信號電路、控制電路。

②直接連接在一起的導線（也可經由保險絲、中繼點連接）必具有一個共同的功能，如都為電源線、搭鐵線、信號線及控制線等。即凡不經用電器而連接的一組導線若有一根接電源或搭鐵，則該組導線都是電源線或搭鐵線。與電源正極連接的導線在到達用電器之前是電源電路；與搭鐵點連接的導線在到達用電器之前為搭鐵電路。

③在分析各條電路（電源電路、信號電路、控制電路與搭鐵電路等）的作用時，經常會用到排除法判斷電路，即對不易判斷功能的電路，通過排除其不可能的功能來確定其實際功能。如分析某一具有三根導線的感知器電路時，已經分析出其電源電路、搭鐵電路，則剩餘的電路必然為信號電路。

④注意各電器元件的串、並聯關係，特別要注意幾個電器元件共用電源線、共用搭鐵線和共用控制線的情況。

⑤感知器經常共用電源線、搭鐵線，但絕不會共用信號線。作動器會共用電源線、搭鐵線、控制線。

（3）控制單元（電腦；ECU；MCU）布局位置圖

控制單元布局位置見圖5-37。

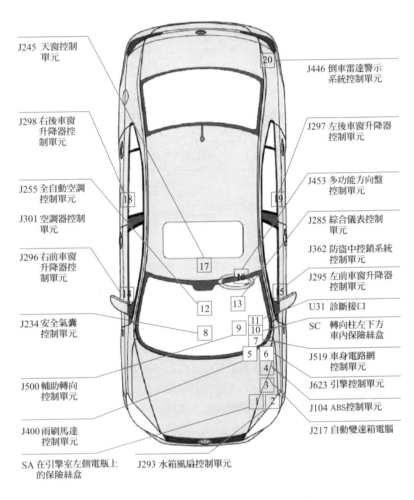

J245 天窗控制單元

J446 倒車雷達警示系統控制單元

J298 右後車窗升降器控制單元

J297 左後車窗升降器控制單元

J255 全自動空調控制單元

J453 多功能方向盤控制單元

J301 空調器控制單元

J285 綜合儀表控制單元

J296 右前車窗升降器控制單元

J362 防盜中控鎖系統控制單元

J295 左前車窗升降器控制單元

U31 診斷接口

J234 安全氣囊控制單元

SC 轉向柱左下方車內保險絲盒

J519 車身電路網控制單元

J500 輔助轉向控制單元

J623 引擎控制單元

J104 ABS控制單元

J400 雨刷馬達控制單元

J217 自動變速箱電腦

SA 在引擎室左側電瓶上的保險絲盒

J293 水箱風扇控制單元

圖 5-37　福斯車系控制單元布局位置圖

福斯Golf 7控制單元布局位置見圖5-38～圖5-40。

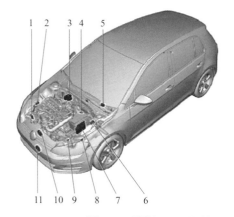

1—輔助加熱裝置控制單元J364；2—右側氣體放電頭燈控制單元J344；3—ABS 控制單元J104；4—電瓶監控制單元J367；5—雨刷馬達控制單元J400；6—動力輔助控制單元J500；7—引擎控制單元J623；8—左側氣體放電頭燈控制單元J343；9—雙離合器變速箱的機械電子單元J743；10—水箱風扇VX57；11—主動式車距控制系統控制單元J428

圖5-38　福斯Golf 7控制單元布局位置圖（前部）

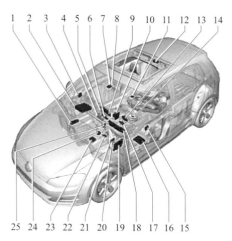

1—對外換氣鼓風機控制單元J126；2—信息電子裝置1控制單元J794；3—副駕駛車門控制單元J387；4—信息電子裝置1控制單元J794；5—空調器控制單元J301暖風控制單元-J65；6—全自動空調控制單元J255；7—駕駛輔助系統的前部攝像頭R242；8—自動遠光燈控制單元J844；9—前部信息顯示和操作單元的控制單元的顯示單元J685；10—排檔桿E313；11—燃油泵制單元J538；12—滑動天窗控制單元J245；13—轉向柱電子裝置控制單元J527；14—多功能方向盤控制單元J453；15—駕駛車門控制單元J386；16—數位式音響套件控制單元J525；17—電子轉向柱鎖定裝置控制單元J764；18—綜合儀表中的控制單元J285；19—車身電路網控制單元J519；20—駐車轉向輔助系統控制單元J791；21—停車輔助系統控制單元J446；22—數據總線診斷接口J533；23—安全氣囊控制單元J234；24—車頭轉向和大燈照明距調節控制單元J745；25—進入及起動系統接口J965

圖5-39　福斯Golf 7控制單元布局位置圖（車內）

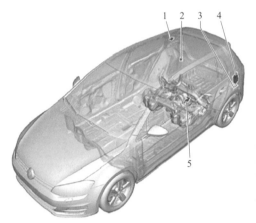

1—駐車加熱裝置的無線電接收器R149；2—移動電話雙路信號放大器J984；3—識別裝置控制單元J345；4—電子調節減震系統控制單元J250；5—四輪驅動控制單元J492

圖5-40　福斯Golf 7控制單元布局位置圖（後部）

（4）保險絲盒、繼電器盒及接線盒（圖5-41）

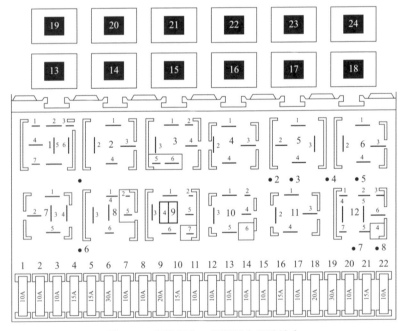

圖5-41　保險絲盒、繼電器盒及接線盒

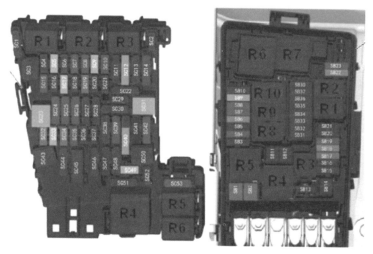

圖5-42　福斯Golf 7保險絲／繼電器盒

圖解

　　如圖5-41、圖5-42所示，為便於檢修，保險絲、繼電器及導線的中繼點往往集中安裝在保險絲盒、繼電器盒及接線盒中。在讀圖時先從電器位置圖了解各盒在車上的安裝位置後，再通過各盒的內部線路圖了解盒內的連接關係。許多車上把這三種盒組合在一起成為保險絲／繼電器盒、中央接線盒等。

　　在識讀電路原理圖掌握了電路工作原理後，再根據圖上的電器代碼，綜合查閱各位置圖，即可確定電器及導線在車上的位置。

5.1.7 電路圖讀圖示例

（1）福斯汽車電路圖

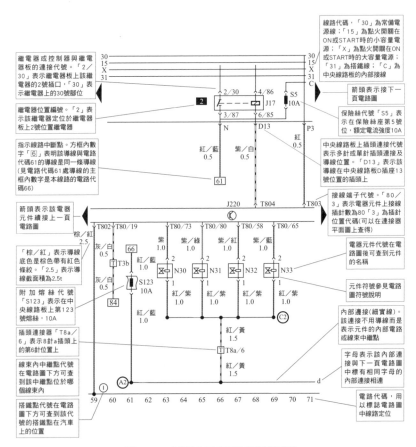

圖5-43 福斯車系電路圖識讀樣圖

①—搭鐵點（在引擎控制單元旁的車身上）；Ⓐ2—正極接線（在引擎線束內）；

T8a—引擎線束與引擎右線束插頭連接（8針，在引擎中間支架上）；

T80—引擎線束（引擎右線束與引擎控制單元插頭連接，80針，在引擎控制單元上）

圖解

　　如圖5-43所示，福斯車系電路圖特點是圖上部的灰色區域表示汽車的中央接線盒的保險絲與繼電器。灰色區域內部水平線為接電源正極的導線，有30、15、X等。其中30線直接接電瓶正極，稱為常備電源。15線接點火開關，當點火開關處於「ON」及「START」檔時有電，給小功率用電器供電。X線的電路如圖中所示，當點火開關接至「ON」或「START」檔時，中間繼電器閉合，通過觸點給大功率用電器供電。31線為搭鐵線。圖最下端是標註圖中各線路位置的編號，各線路平行排列，每條線路對準下框線上的一個編號。線路如在圖中中斷，斷口處標註與之連接的另一段線路所在的編號。同時也在線上註明出各搭鐵點。所有電器件均處於圖中間的位置。圖中起連接作用的細實線表示接線柱、接線銅片及中繼點等的非導線連接方式。

（2）通用車系汽車電路

圖解

　　如圖5-44～圖5-47所示，通用車型電路圖通常分為四類：電源分配簡圖、中央控制盒樣圖、系統電路圖和搭鐵線路圖。

　　系統電路圖中電源線從圖上方進入，通常從保險絲處開始，並於保險絲上方用黑線框標註此處與電源之間的通斷關係；用電器在中部，搭鐵點在最下方。如果是由電子控制的系統，電路圖中除該系統的工作電路外還會包括與該系統工作有關的信號電路。

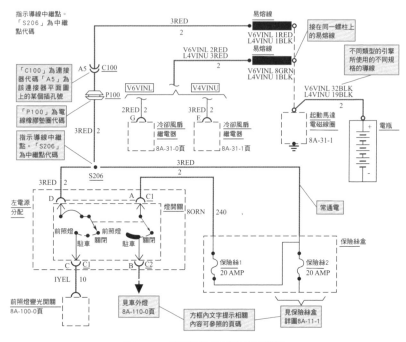

圖5-44　通用車系電源分配樣圖

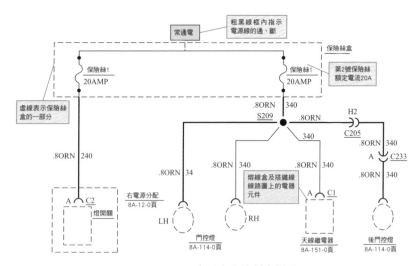

圖5-45　通用車系中央控制盒樣圖

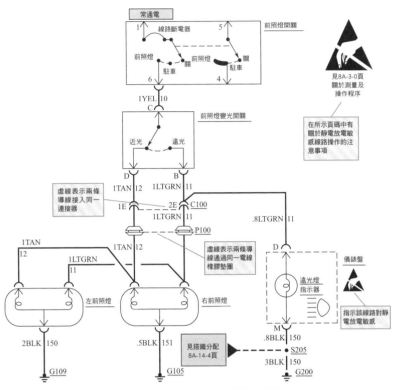

圖5-46　通用車系統電路圖樣圖

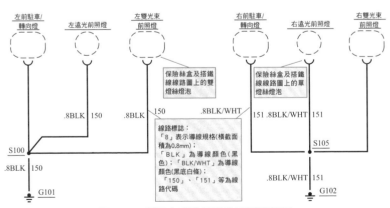

圖5-47　通用車系搭鐵電路圖識讀樣圖

327

5.2

引擎和起動馬達的維修

5.2.1　起動馬達

（1）引擎啟動

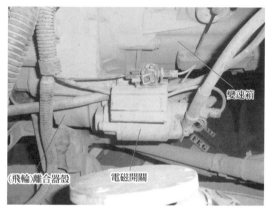

圖5-48　起動馬達在車輛上

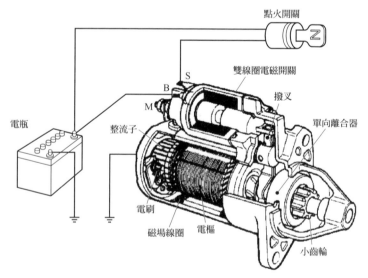

圖5-49　引擎啟動示意

圖解

如圖5-48、圖5-49所示，從電瓶正極接線柱出發的一根導線經過點火線圈，接在電磁開關的S端。這個導線是用來操縱電磁開關的。點火開關接通和切斷電路，並控制電磁開關的動作。

另一根導線直接連接在電磁開關的B端。導線具有優良的導電性能，因為將有強電流流過，以使馬達轉起來。另一根導電性良好的導線連接在電動機電磁開關的M端。電動機內部換向器的觸點接通B端和M端以後，電流就從電瓶流向電動機，電動機開始轉動。

（2）起動馬達組成／分解

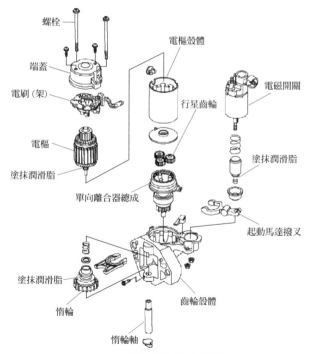

圖5-50　起動馬達組成／分解

圖解

如圖5-50所示，電樞由周圍纏繞了電樞線圈的電樞鐵芯組成，產生轉動力而且旋轉。

磁場線圈：產生磁場。

單向離合器：切斷與引擎發動後旋轉運動間的聯繫，保護電動機由於引擎高速運動而造成的毀壞。

行星齒輪：將電動機的旋轉運動傳遞給引擎飛輪齒圈。

啟動拉桿（撥叉）：嚙合小齒輪和飛輪齒圈。

（3）電樞和磁場線圈間實際布線

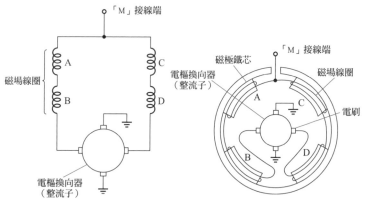

圖5-51　電樞和磁場線圈間實際布線

圖解

如圖5-51所示，電樞線圈和磁場線圈（激磁線圈）之所以採用不同的連接方式，所考慮的是電動機所需的性能。在汽車起動馬達裡，通常採用串繞式布線方式。在這種特殊的布線電路中，磁場線圈和電樞線圈是串接在一起的。

（4）起動馬達診斷測試（表5-7）

表5-7　起動馬達電壓及接觸不良和開關電路測試

測試項目		診斷／測試步驟圖解	示意圖
啟動電壓及接觸不良測試	啟動電壓測試	①將電壓錶1的負極測線2連接至搭鐵端。 ②將正極測線連接至電磁開關電源端子B。 ③啟動引擎。 ④記錄啟動期間顯示的電壓。 ⑤如果電壓低於規格且啟動性能差，則拆卸並修理起動馬達。	
	接觸不良測試	①將電壓錶正極測線連接至電瓶正極接線柱。 ②將負極測線連接電磁開關M端子。 ③記錄啟動期間顯示的電壓。 ④對電磁開關S端子、電纜的電瓶正極壓接端子和電瓶正極端子連接器，重覆本程序。 ⑤修復所有電阻（電壓讀數）過大的接頭。	
起動馬達搭鐵及開關電路測試	起動馬達搭鐵測試	①將電壓錶正極測線1連接至電瓶負極接線柱上。 ②將電壓錶負極測線2連接至起動馬達殼體上。 ③記錄啟動期間顯示的電壓。 ④對電纜的電瓶負極壓接端子和電瓶負極端子連接器，重覆本程序。 ⑤修復所有電阻過大的接頭。	
	開關電路測試	①將電壓錶負極測線1連接至電磁開關S端子。 ②將正極測線2連接至電瓶正極接線柱上。 ③啟動引擎。 ④記錄啟動期間顯示的電壓。 ⑤如果電壓高於規定值，測試電磁開關電路（開關電路最大電壓差2.5V），找出電阻過大的根源並修復接頭。	

（5）起動馬達的拆解與維修（表5-8）

表5-8　起動馬達拆解與維修

維修項目	維修事項圖解	示意圖
電刷架 拆卸	（1）拆下起動馬達。 （2）將馬達電纜從M端子上斷開，並拆下端蓋。 （3）在電樞上放置一個外徑為29.4mm的塑料管。 （4）固定塑料管，將電刷架A移到塑料管B上，使電刷不從電刷架上脫落。	
	（5）通過接觸永久磁鐵檢查電樞是否磨損或損壞。如有磨損或損壞，則更換電樞。	
電樞的檢查 與測試	（6）檢查換向器（整流子）A表面。如果表面污髒或燒蝕，則按步驟(8)中的規格用金剛砂布或車床重新修整表面，或者用500#或600#的砂紙B重新修復。	砂紙
	（7）檢查換向器（整流子）直徑。如果測得直徑在使用極限以下，則更換電樞。查找該維修手冊起動馬達電樞標準數據及磨損極限。參照手冊數據判斷是否需要更換。	

續表

維修項目	維修事項圖解	示意圖
電樞的檢查與測試	（8）測量換向器A的徑向跳動量 如果換向器的徑向跳動量在使用極限內，則檢查換向器整流片之間是否有炭屑或黃銅碎片。 如果換向器徑向跳動量不在使用極限內，則更換電樞。 換向器徑向跳動量： 標準（新）：最大0.03mm 使用極限：0.06mm	
	（9）檢查雲母深度A。如果雲母過高，如圖中1所示，則用鋼鋸條將雲母凹槽切至適當的深度。凹槽不能太淺、太窄或呈V 形，如圖中2所示。 換向器雲母深度： 標準（新）：0.50～0.90mm 使用極限： 0.20mm	
	（10）檢查換向器（整流子）整流片之間是否導通。如果任何整流片之間斷路，則更換電樞。	
	（11）將電樞A放在一個電樞測試器B上。將鋼鋸片C放在電樞芯上。 當電樞芯轉動時，如果鋸條被吸引或震動，則電樞短路。更換電樞。	
	（12）使用歐姆表檢查換向器（整流子）A與電樞線圈芯B之間以及換向器與電樞軸C之間是否導通。 如果導通，則更換電樞。	

維修項目	維修事項圖解	示意圖
起動馬達 電刷的 檢查／ 電刷架 的測試	（13）測量電刷的長度 如果比使用極限短，則更換電刷 架總成。 電刷長度： 標準（新）：15.0～16.0mm 使用極限：9.0 mm	
	（14）檢查電刷A和電刷B之間 是否導通。 如果導通，則更換電刷架總成。	
電刷彈簧 檢查	（15）將電刷A插入電刷架內， 並使電刷與換向器接觸，然後將 彈簧秤B放在彈簧C上。當彈簧提 起電刷時測量彈簧拉力。 如果不在標準範圍內，則更換電 刷架總成。 彈簧拉力： 標準（新）：22.3～27.3N	
行星齒輪 的檢查	（16）檢查行星齒輪A和內齒圈 B。如果磨損或損壞，將其更換。	

續表

維修項目	維修事項圖解	示意圖
單向 離合器 檢查	（17）沿軸滑動超越單向離合器A 若不能平穩滑動，則將其更換。	
	（18）固定起動小齒輪B，按圖 示方向轉動超越離合器，確保其 自由轉動。同時確保超越離合器 在相反方向鎖定。 若不能鎖定，則更換超越離合器 總成。	
	（19）如果起動馬達小齒輪磨 損或損壞，則更換超越離合器總 成；齒輪不能單獨更換。 檢查液體扭力變換接合器齒圈情 況。如果起動馬達小齒輪輪齒損 壞，則將其更換。	
起動馬達 重新組裝	（20）用螺絲起子撬起每個電刷彈 簧後，將電刷置於電刷架外的中間 位置。鬆開彈簧使其保持在此處。 注意：為了放置新的電刷。在換 向器與每個電刷之間滑入一條 500#或600#砂紙，砂面朝上， 然後平穩地轉動電樞。電刷的接 觸面將被打磨成與換向器相同的 輪廓。	
	（21）將塑料管安裝至電刷架總 成內。 （22）通過將槽點C對準凸出部 位D，安裝電樞殼體A和電樞B。	

維修項目	維修事項圖解	示意圖
起動馬達 重新組裝	（23）將電刷架總成放到電樞上，然後將電刷架A向下移到電樞上。	
	（24）將每個電刷推下直至落在換向器上，然後鬆開彈簧頂住電刷末端。	
	（25）安裝端蓋以固定電刷架。	

5.2.2 發電機（表5-9）

表5-9 發電機拆解維修

作業項目	維修事項圖解	圖示
	（1）在拆下交流發電機和電壓調節器之前先進行測試。 （2）拆下交流發電機。 （3）如果需要更換前軸承，用合適規格的扳手A和22mm扳手B拆下帶輪鎖緊螺帽。如有必要，使用衝擊扳手。 右圖所示，扳手相反方向用力。	
交流發電機的分解大修	（4）拆下端蓋固定螺帽。	
	（5）拆下端蓋A和端子絕緣套B。	

作業項目	維修事項圖解	圖示
	（6）拆下電刷架總成A。	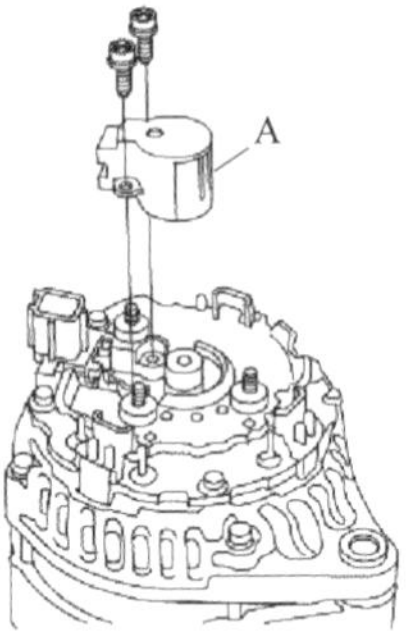
交流發電機的分解大修	（7）拆下4個螺栓，然後拆下後殼體總成A和墊圈B。	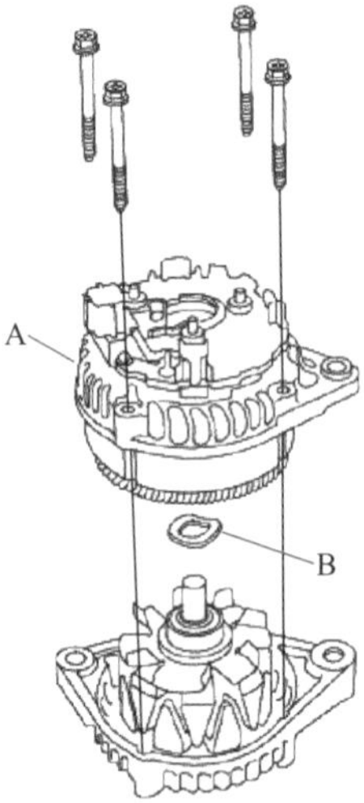
	（8）如果不更換前軸承，跳至步驟（13）。將轉子從驅動端殼體上拆下。	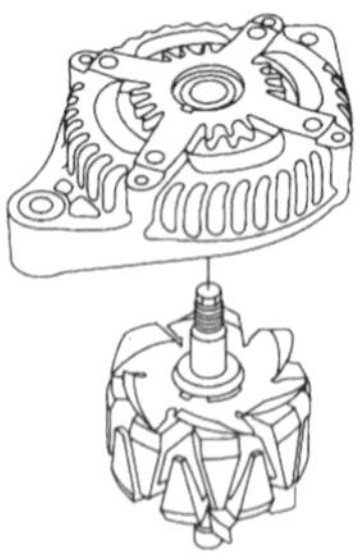

作業項目	維修事項圖解	圖示
	（9）檢查轉子軸是否有划痕，並檢查驅動端殼體上的軸承軸頸表面是否有卡滯痕跡。 如果轉子損壞，更換轉子總成。 如果轉子正常，跳至步驟（10） （10）拆下前軸承護圈。	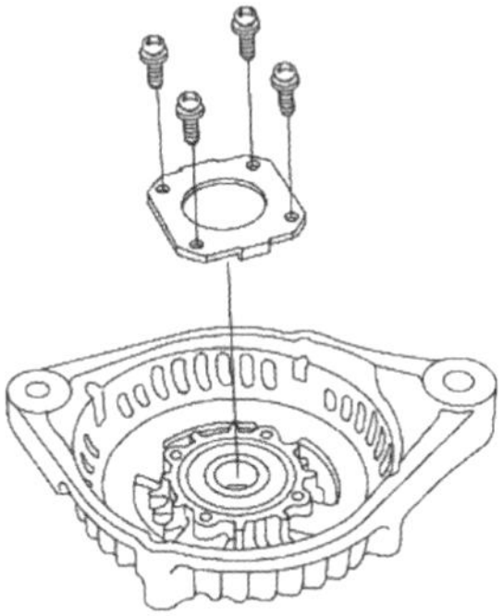
交流發電機的分解大修	（11）用黃銅衝子和錘子敲出前軸承。	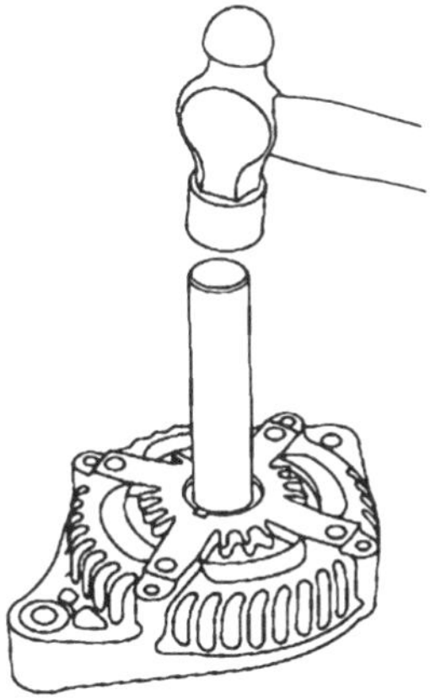
	（12）用錘子、拆裝器手柄和軸承拆裝器附件，將一個新的前軸承安裝到驅動端殼體內。	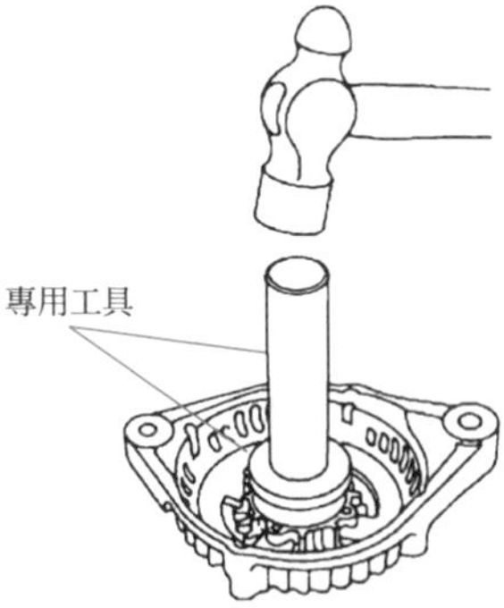 專用工具

續表

作業項目	維修事項圖解	圖示
交流發電機的分解大修	（13）使用游標卡尺B測量兩個電刷A 的長度。 如果任一電刷長度小於使用極限，則更換電刷架總成。 如果電刷長度正常，跳至步驟（14）。	
	（14）檢查滑環之間A 是否導通 如果導通，轉至步驟（15）。 如果不導通，更換轉子總成。 （15）檢查每個滑環與轉子B和轉子軸C之間是否導通。 如果不導通，更換後殼體總成，並跳至步驟（16）。 如果導通，更換轉子總成。	
交流引擎的重新組裝	（16）如果已拆下帶輪，將轉子放入驅動端殼體內，然後將鎖緊螺帽鎖緊至標準扭力。 （17）清除滑環上所有潤滑脂和機油。 （18）將後殼體總成和驅動端殼體／轉子總成放在一起，鎖緊4個貫穿螺栓。 （19）推入電刷A，然後插入銷或鑽頭B（直徑約1.6mm）以將其固定。 （20）裝電刷架，將銷或鑽頭拉出。安裝端蓋。 （21）交流發電機重新組裝後，用手轉動帶輪以確認轉子平穩地轉動且無噪音。 （22）裝交流發電機。	

5.3

車輛電源管理系統

車輛能量／電源管理系統見圖5-52。

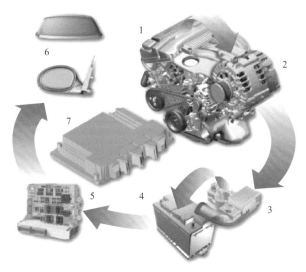

圖5-52　車輛能量／電源管理系

1─引擎；2─發電機；3─智能型電瓶感知器；4─電瓶；5─接線盒；
6─汽車電器（例如後窗玻璃加熱裝置，加熱式車外後視鏡等）；
7─引擎管理系統（電源管理系統）

5.3.1　供電系統

（1）基本組成

 圖解

　　如圖5-53、圖5-54所示，車輛的供電系統主要由電瓶、引擎、電瓶導線、配電盒及總線端構成。

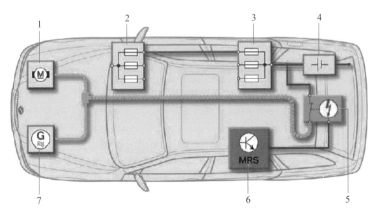

圖5-53　供電系統示意

1—起動馬達；2—前部配電盒；3—後部配電盒；4—電瓶；5—安全型電瓶接線柱；
6—多功能乘員保護系統；7—發電機

圖5-54　供電及啟動系統組件示意

（2）電瓶導線

> **維修提示**
>
> 　　如果電瓶導線從行李廂經過車輛地板外側與燃油管路平行鋪設到引擎室內時，出於安全考慮需監控該導線。因發生事故或撞到障礙物（例如護欄）造成電瓶導線損壞時，就會從電瓶上斷開電瓶導線並關閉發電機，以避免造成短路以及形成火花。

電瓶正極接線柱上連接了兩根導線，這些導線負責為電器組件供電。其中一根電瓶導線通過電瓶正極接線柱通向起動馬達和發電機。根據BMW車型的不同，這根電瓶導線可配備監控裝置。另一根電瓶導線通向一個或多個其餘車身電器網的配電盒。這根電瓶導線沒有監控裝置。

（3）安全型電瓶接線柱（SBK）
①使用SBK目的
為了將發生事故時發生大電流的電路短路的危險降至最低，已將BMW車輛內的車載電路網分為兩個電路：

　　a.一個是車身一般電路網供電的部分，通過高電流保險絲防止短路。

　　b.一個是起動馬達電路，該電路無法通過傳統保險絲方式提供保護。

> 　　為了保護起動馬達電路，採用了安全型電瓶接線柱作為保護措施，該裝置可在發生事故時消除短路危險。
>
> 　　這種安全型電瓶接線柱直接與電瓶正極連接。

②安全型電瓶接線柱（SBK）組件

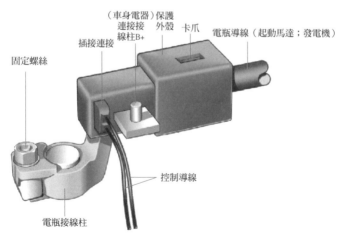

圖5-55　安全型電瓶接線柱（SBK）組件

圖解

　　如圖5-55所示，SBK由一個傳統的可鎖緊式接線柱組成，帶有內裝燃爆材料的空心圓柱體。有一個鎖桿用於防止電瓶導線重新滑回接觸點位置。

③安全型電瓶導線分離　見表5-10。

表5-10　安全型電瓶導線分離過程

分離步驟	圖解	圖示
第一步	安全型電瓶接線柱初始狀態，時間大約為0.00ms。	
第二步	分離過程開始，由控制單元點燃燃爆材料，時間大約為0.22ms。	
第三步	分離過程結束，時間大約為0.45ms。	
第四步	電瓶導線在安全性電瓶接線柱內截斷，時間大約為3.00ms。	

特別提示

觸發燃爆材料後不得繼續使用安全性電瓶接線柱，必須更換。

由於電瓶導線分為不同部分，因此觸發SBK後，只要沒有任何主保險絲因短路斷開電源電路，其他車身一般電路網仍能正常使用。從而確保仍可執行所有重要功能，例如危險警告燈等。

（4）配電盒

圖解

如圖5-56、圖5-57所示，配電盒可安裝在行李廂內、引擎室內和手套廂後部，也可以將這三個安裝位置結合在一起。大部分保險絲和繼電器都安裝在行李廂凹槽內。

圖5-56　後部配電盒

1一後窗玻璃加熱裝置繼電器；2一總線端30繼電器；3一已焊接的總線端15

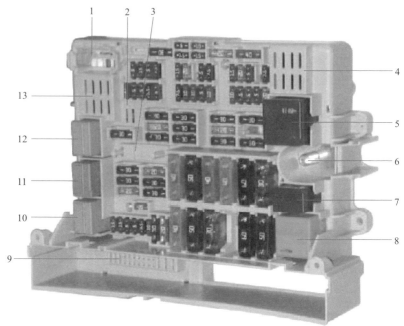

圖5-57　接線盒／繼電器保險盒

1—導線束連接插頭；2—電動燃油泵；3—總線端〔30g-f繼電器（僅在帶有對應配置時才安裝）安裝在接線盒殼體內的印制電路板上〕；4—總線端15繼電器（安裝在接線盒殼體內的印制電路板上）；5—總線端（30g繼電器）；6—供電；7—車窗玻璃清洗裝置繼電器；8—二次空氣泵繼電器；9—接線盒控制單元內部接口；10—後窗玻璃雨刷馬達繼電器；11—加熱式後窗玻璃繼電器；12—雨刷馬達檔位1繼電器；13—雨刷馬達檔位2繼電器（位於接線盒殼體內的印制電路板上）

接線盒與繼電器和保險絲相組合為車輛上幾乎所有控制單元供電。在不同運行狀態下通過總線端為控制單元供電。

（5）總線端（主電路）

車輛中所有用電器必須有一側搭鐵，另一側則連接正電壓。在電工學中總線端用於連接電線、電纜和導線（可鬆開）。在車輛中總線端是指連接控制單元和電器組件並為其供電的接線柱。不同總線端擁有各自標準化的名稱（如：主電路）。下文以示例形式詳細介紹最重要的供電總線端。

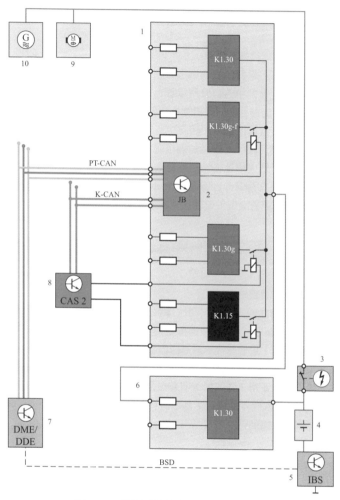

圖5-58　供電系統線路（主電路線路）

1─前部配電盒；2─接線盒；3─安全型電瓶接線柱；4─電瓶；
5─IBS（智能型電瓶感知器）；6─後部配電盒；
7─DME／DDE（汽油引擎電腦／柴油引擎電腦）；
8─CAS（keyless〔免鑰匙起動系統〕）；9─起動馬達；
10─發電機；KI.30g-f─根據故障情況接通的正極；
KI.30g─根據時間情況接通的正極；KI.15─點火開關；KI.30─常備正極

圖解

　　如圖5-58中的總線端30所示。

　　車輛中的所有用電器始終通過搭鐵點（導電車身元件）與車輛電瓶負極接線柱連接。車輛中的部分用電器也始終與車輛電瓶的正極接線柱連接。這種電路只能通過開關或繼電器斷開。

　　在車輛車身電器電路網中，隨時帶有電瓶電壓的總線端稱為總線端30（也稱B+或常備正極）。安裝並連接電瓶後，導線束的這個分支在關閉點火開關並拔下點火鑰匙後仍然保持供電狀態。總線端30負責為停車後仍需正常運行或只為保存數據而需要用電的控制電腦和車身電器供電。例如，閃爍警告裝置開關就是通過總線端30供電。

圖解

　　如圖5-58中的總線端30g所示。

　　只有將點火鑰匙插入點火開關並轉到第一段位置後，一部分車身電器才能通過點火開關與電瓶正極連接並得到供電。在這種情況下點火開關相當於一個開關。這個總線端稱為總線端30g。

　　例如：如果車載收音機通過總線端30（常備正極）連接時，則拔下點火鑰匙後仍可以正常工作。如果收音機通過總線端30g連接，則只有總線端30g接通後收音機才能運行。除收音機外，安全系統（MRS、ACSM）也通過這個總線端供電。

圖解

　　如圖5-58中的總線端15所示。

　　點火鑰匙轉到第二段位置時，則啟用總線端15（也稱為接通的正極，點火正極）。其他控制單元和電器組件也通過總線端15供電，例如空調系統和駐車輔助系統（PDC）通過總線端15接通。總線端30g和總線端15由CAS控制單元控制。

圖解

如圖5-58中的總線端31所示。

由於所有用電器都連入一個電路內，因此除電源B+外該電路還需要必要的搭鐵連接。通過一根單獨的搭鐵導線和車身鋼板連接電瓶的負極接線柱。這種連接也稱為總線端31（搭鐵）。

（6）總線端控制（主電路控制）

①通過在點火開關中轉動鑰匙接通或關閉總線端（主電路）。

②在不帶點火開關的車輛上通過按壓「START-STOP」按鈕接通或關閉總線端（主電路）。

③晶片鑰匙必須插入插槽內並卡住。在這種情況下車輛會自動接收總線端30g接通狀態信號。此時可通過「START-STOP」按鈕按如表5-11所示順序切換電源模式。

表5-11　帶有START-STOP按鈕車輛的總線端控制

順序	圖解	圖示
第一步	1—總線端30g	
第二步	2—總線端15	
第三步	3—總線端30g	
第四步	4—總線端0	

維修提示

只有在自動變速箱車輛上未踩下煞車踏板或在手排變速箱車輛上未踩下離合器踏板時，才能按此順序切換ACC，引擎未發動ON的電源模式。只要踩下煞車踏板或離合器踏板，則再次按壓「START-STOP」按鈕就會啟動引擎。電源模式（LOOK；ACC；ON和ST）

④車輛帶有smart keyless時，晶片鑰匙只需置於車內而不必插入插槽內。

⑤系統通過車內天線識別出晶片鑰匙。按正確方式離開車輛後，車輛下次啟動時從總線端0開始選擇總線端。此時可通過按壓「START-STOP」按鈕按順序依次選擇所需電源模式。

5.3.2　發電機智能充電管理系統

（1）概述

①發電機智能充電管理系統的核心原理是擴展車輛電瓶的充電策略。電瓶不再完全充滿，而是根據不同的環境條件（車外溫度、電瓶老化等）充電到規定程度。

②與傳統充電策略不同，現在僅在車輛滑行階段進行能量回收利用。此時發電機在全額最大發電的狀態下工作，並將所產生的電能儲存在車輛電瓶內。此時不消耗燃油，車輛滑行期間產生的動能通過車輪和引擎作用在發電機上，從而產生電能。

③車輛加速階段發電機不會有發電作用，因此不會為產生電能而消耗能量和燃油。

（2）能量和信息流

圖解

如圖5-59所示，

①引擎管理系統（ECU）通過車用控制器區網（圖中黑斜線部分）與智能型電瓶感知器和發電機通信。來自智能型電瓶感知器的信息用於在電源管理系統內計算車輛電瓶的充電和老化狀態。電源管理系統是負責電源管理方面所有計算工作的軟體。在帶有發電機智能充電管理功能的車輛上，這個應用程序還負責發電機智能充電管理的調節過程。

②其他信息來源於連接在整個總線系統上的控制單元。系統從所收集的信息中得出影響充電過程的條件。

③這個調節過程的結果是，在盡可能不利用引擎能量的情況下，以精確匹配的方式為車輛電瓶充電。

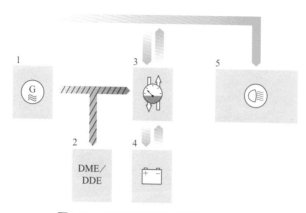

圖5-59　發電機智能充電管理的信息流

（3）與傳統的電源系統（功能）對比（表5-12）

表5-12　電瓶充電新策略（功能）與傳統的電源系統對比

項目	傳統電源管理系統	新電源管理系統
充電目標	隨時充滿。	根據以下情況按所需充電到規定的最低要求。 ①電線品質。 ②不同的環境條件，例如溫度。
電瓶容量	最大容量由以下條件決定： ①正常運行電流。 ②冷啟動。 ③駐車時耗電電流。	①由於電瓶從不完全充滿，因此容量儲備較高。 ②由於循環充電次數較高，因此採用AGM電瓶（有怠速啟停且有動能回收系統的車輛）。
電流吸收	隨著充電電壓的不斷提高迅速減小。	即使長時間行駛後電流吸收能量仍很高。
CO2減排策略	無。	IGR使用預留的充電範圍。
能量回收利用	幾乎沒有回收利用的餘地（僅在啟動後短時間內）。	有回收利用潛力。

（4）發電機智能充電管理系統的運行狀態

IGR功能分為以下三個運行狀態。

①IGR較低　在滑行階段提高發電機電壓，並為電瓶充電（能量回收利用）。

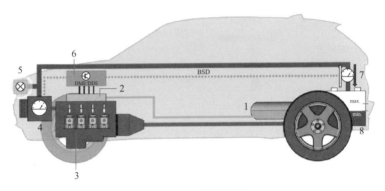

圖5-60　IGR較低狀態

1—燃油箱（不使用燃油）；2—燃油噴射裝置（噴油嘴關閉）；
3—引擎（引擎由驅動輪產生的動能推動）；4—發電機（發電機產生最高電功率）；
5—車用電器（由發電機提供電能）；
6—DME／DDE（DME／DDE通過車用控制器區網與IBS和發電機連接）；
7—IBS（智能型電瓶感知器識別電瓶充電情況）；
8—電瓶（電瓶以最高電壓充電）

圖解

圖5-60所示為IGR較低狀態。
①滑行階段提高發電機電壓（這個發電機負荷僅在轉速超過1000r/min且車速為10km/h時出現）。
②車輛處於滑行階段時IGR提高發電機電壓。提高電壓可以提高電瓶充電電量。
③隨著滑行次數和持續時間的增加，電瓶充電狀態不斷提高（在IGR較低階段中充電狀態最高可達到100%）。

②IGR中等　在IGR較低與IGR較高之間的階段內不允許電瓶耗電，保持目前的充電狀態（部分減小發電機負荷）。

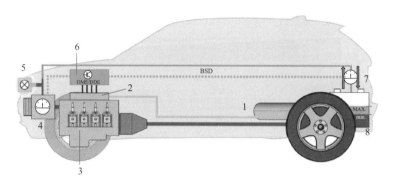

圖5-61 IGR中等狀態

1—燃油箱（不使用燃油）；2—燃油噴射裝置（噴油嘴向引擎供油）；3—引擎（引擎將燃油的化學能轉化為機械能）；4—發電機（發電機產生足夠的電能，以滿足當前電量需求）；5—車用電器（由發電機提供電能）；6—DME／DDE（DME／DDE通過車用控制器區網與IBS和發電機連接）；7—IBS（智能型電瓶感知器識別到電瓶既沒有充電，也沒有向外供電）；8—電瓶（電瓶狀態保持不變）

圖解

圖5-61所示為IGR中等狀態。

①在使用燃油行駛階段系統發出部分減小發電機負荷的請求信息。此時不再主動為電瓶充電，而是僅使充電狀態保持在足夠使用的程度。

②為確保只在滑行階段充電的電瓶在受控狀態下向外供電，加速階段車身電器電能需求較低時，需發出發電機部分至完全卸載的請求信息，以減小CO_2排放。電瓶充電狀態達到某一程度（70%～80%）時就會出現這種情況。

③達到電瓶的某一最低充電程度時，才能進行發電機智能充電管理。

④電瓶充電狀態足夠時，系統調節發電機電壓的方式是，除滑行階段外使電瓶充電狀態幾乎保持不變。在這種狀態下發電機只為車身電器網供電。

③IGR較高　能量從電瓶返回到車身電器網內（減小發電機負荷）。

圖解

圖5-62所示為IGR較高狀態。

①電瓶充電狀態足夠時系統調節發電機電壓的方式是，電瓶以可接受的程度向外供電。此時車身電器有一部分由電瓶供電。

②在這種狀態下發電機的負荷最小，只有維持車身電器穩定運行的作用。所需要的IGR電壓由電源管理系統限制到與車身電器所需的電壓。

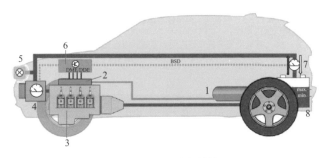

圖5-62　IGR較高狀態

1—燃油箱（使用燃油）；2—燃油噴射裝置（噴油嘴向引擎供油）；3—引擎（引擎將燃油的化學能轉化為機械能）；4—發電機（發電機只有維持車身電器網穩定運行的作用）；5—車用電器（絕大部分車用電器由電瓶提供電能）；6—DME／DDE（DME／DDE通過車用控制器區網與IBS和發電機連接）；7—IBS（智能型電瓶感知器識別從電瓶接收電能的情況）；8—電瓶（電瓶向外供電）

5.4

車用控制器區域網路CAN BUS

5.4.1　通過網關將數個系統聯成網絡

由於電壓頻率和電阻配置不同，所以在引擎動力CAN、車身電器網CAN、底盤CAN總線之間無法進行耦合連接。另外這幾種數據總線的傳輸

速率是不同的,這就決定了它們無法使用彼此的數據信號。

這就需要在這幾個系統之間能完成一個轉換。這個轉換過程是通過網關來實現的。根據車輛的不同,網關可能安裝在組合儀表內、車上供電控制單元(ECU)內或在自己的網關控制單元內。

由於通過CAN數據總線的所有信息都供網關使用,所以網關也可用作診斷接口。目前是通過網關的K線來查詢診斷信息,從Touran車開始是通過CAN數據總線診斷線來完成這個工作的。

5.4.2　網關原理

網關的主要任務是使兩個速度不同的系統之間能進行信息交換。

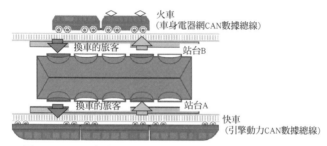

圖5-63　用火車站作為例子來清楚地說明網關的原理

 圖解

如圖5-63所示,用火車站作為例子來清楚地說明網關的原理。

在站台A(站台在這可以看作是網關)到達一列快車(引擎動力CAN數據總線,500kbit/s),車上有數百名旅客。

在站台B已經有一輛火車(車身電器網CAN數據總線,100kbit/s)在等待,有一些乘客就換到這輛火車上,有一些乘客要換乘快車繼續旅行。

車站/站台的這種功能,即讓旅客換車,以便通過速度不同的交通工具到達各自目的地的功能,與引擎動力CAN總線和車身電器網CAN總線兩系統網絡的網關功能是相同的。

維修提示

引擎動力CAN與車身電器CAN總線頻率不同，無法使用同一區域直接溝通，所以它們之間只能通過網關來連接溝通。

5.5

空調系統維修

5.5.1 基本結構原理

（1）基本原理

如果出了汗的身體暴露在風中或手上沾了液態酒精，身體或手就會感覺冷，其原因是汗或液態酒精帶走了皮膚上的熱量蒸發成了氣體，也就是說，液體在變成氣體時具有冷卻周圍環境的性質，這也是汽車冷氣原理。

 圖解

如圖5-64所示，汽車空調中的冷媒不是擴散到車外而是重覆地從液態變為氣態，然後又回到液態，這種循環稱為製冷循環。

壓縮一種氣體時，其壓力和溫度都會提高。

如果承受壓力的冷媒氣體膨脹，則會蒸發。為此從環境空氣中吸收所需的熱量。

冷媒循環迴路分為四種：低壓，氣態形式；高壓，氣態形式；高壓，液態形式；低壓，液態形式。

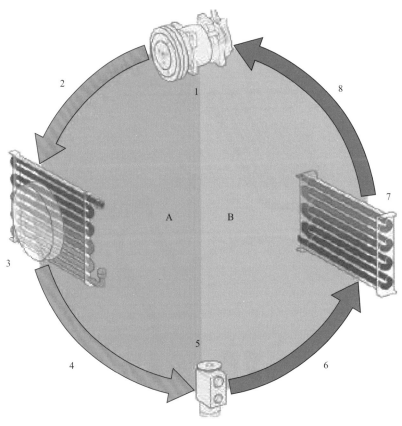

圖5-64　製冷循環

1—壓縮機提高氣態冷媒的壓力並由此提高其溫度；2—高溫和高壓下的氣態冷媒；3—冷凝器
（熱交換器）的作用（流過的空氣吸收熱量，熱冷媒氣體冷卻下來並凝結，冷媒變為液態）；
4—中溫和高壓下的液態冷媒；5—膨脹閥降低冷媒壓力，同時冷媒溫度急劇下降；6—低溫和
低壓下的蒸氣形式冷媒；7—蒸發器使流過的空氣冷卻下來並除濕，冷媒吸收熱量；8—低溫和
低壓下的氣態冷媒；A—高壓側；B—低壓側

（2）基本組成及結構

①系統組成　冷媒循環迴路主要由壓縮機、冷凝器、儲液乾燥器（儲液
器、儲液罐）、膨脹閥、蒸發器、軟管和管路、調節和控制裝置7個組
件構成。

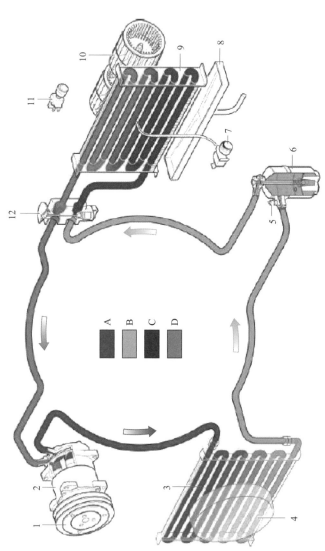

圖5-65　冷媒循環迴路及其組件

1—電磁離合；2—壓縮機；3—冷凝器；4—輔助風扇；5—壓力感知器A（高壓，氣態形式）；
6—儲液罐B（高壓，液態形式）；7—蒸發器溫度感知器C（低壓，液態形式）；
8—冷凝水排水槽D（低壓，氣態形式）；9—蒸發器；10—蒸發器風扇；
11—風扇開關；12—膨脹閥

圖解

　　如圖5-65所示，空調系統這些組件連接在一起形成封閉的冷媒循環迴路，冷媒在該迴路中循環。循環中的冷媒在氣態下壓縮，以散熱方式冷凝，在吸收熱量的同時通過降低壓力重新蒸發。

　　冷媒循環迴路分為高壓部分（壓力側）和低壓部分（吸油側）。其分界點是壓縮機上的閥盤和膨脹閥。

　　如果使冷媒循環迴路進入運行狀態，就是說引擎運轉時打開空調系統，那麼壓縮機將從蒸發器吸油低溫氣態冷媒進行壓縮以使其冷媒溫度升高（最高120℃）並將其壓入冷凝器內。壓縮後的熱氣體在冷凝器內由流過的外部空氣（行駛撞風或輔助風扇）冷卻。

　　達到對應壓力下的凝結點時冷媒開始凝結並變成液態。完全變成液態的冷媒從冷凝器進入儲液罐內並聚集在此處。冷媒流過乾燥器時，會過濾掉可能存在的水分和混雜物。

②車內冷風操縱控制組件控制及結構

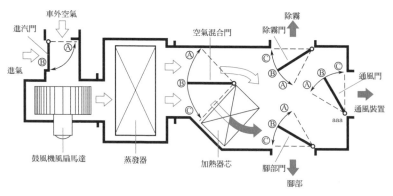

圖5-66　冷風控制及組件

圖解

　　如圖5-66所示，當汽車空調上的壓縮機不工作時蒸發器不冷卻空氣，因此來自鼓風機風扇的空氣被輸送到加熱器單元不被蒸發器冷卻。

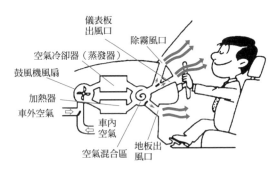

圖5-67　空調冷風

圖解

　　如圖5-67所示，汽車冷卻器（蒸發器）用於冷卻車內，當空氣冷卻後，空氣中的濕氣冷凝成水滴，這是因為在高溫時，空氣中含有大量濕氣，但是在低溫時沒有，它們通過一根排水管被排出車外。此外空氣中的污垢連同水一起被排出車外。因此，當蒸發器工作時，涼爽乾燥和清潔的空氣流出。另一方面，空調將加熱器、蒸發器和通風系統組合為一個整體，它在冷天中用作暖氣機，在熱天中用作冷氣機，當空氣濕度大並且溫度低時，可用空調啟動汽車空調去除濕氣並加熱乾燥的空氣，通過這種方式，空調可以具有多種性能，以應付任何氣候條件，而且空調可以從車外引入新鮮空氣。

5.5.2　空調壓縮機維修

（1）可變容積壓縮機控制（表 5-13）

表5-13　可變容積壓縮機控制

可變容積壓縮機圖示	圖解
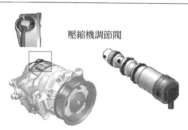調節閥	控制單元對壓縮機調節閥進行控制 控制單元根據所需溫度、外部與內部溫度、蒸發器溫度以及冷媒壓力的變化，控制單元對電磁閥的PWM（脈寬調變信號）進行控制，控制斜板傾斜位置改變，從而決定了排氣量以及產生的製冷輸出 在製冷功能被關閉後，皮帶仍驅動壓縮機連續運轉。但冷媒流量被對應降低至2%
壓縮機調節閥	該電磁調節閥安裝在壓縮機中並用一個彈簧鎖定墊圈固定 它是壓縮機內低壓、高壓與曲軸箱壓力之間的接口，並且是取消電磁離合器設計。通過控制這幾種壓力對斜盤進行調節 PWM（脈寬調變信號）驅動該調節閥中的一個挺桿。電壓作用的持續時間決定了調整量

①作動元件　控制單元通過一個PWM（脈寬調變信號）來控制鼓風機，而鼓風機控制則將一個自診斷信號迴饋給控制單元。

　　例如，當迴饋信號中有一個脈衝時，表明沒有故障；當有兩個脈衝時，表明電流被限制；當有三個脈衝時，表明溫度太高，可能導致輸出效率的降低甚至鼓風機不工作。

②蒸發器溫度感知器　蒸發器下游通風口溫度由蒸發器溫度感知器進行檢測。它確保在0℃時關閉製冷功能，並與可變容積壓縮機一起，使蒸發器下游通風口溫度在0～12℃之間進行自適應控制。

（2）壓縮機測試與維修（表 5-14）

表5-14　壓縮機測試與維修

步驟	檢修圖解	圖示
第一步	檢查皮帶盤是否變色、脫落或有其他損壞	
第二步	用手旋轉皮帶盤，檢查皮帶盤軸承間隙和卡滯情況 如果離合器組件有噪音或間隙過大／卡滯，換上一個新的離合器組件	
第三步	用千分表測量皮帶輪A和離合器片B之間的間隙 對千分表歸零，然後對空調壓縮機離合器施加電瓶電壓 施加電壓時測量離合器片的移動	
第四步	檢查電磁線圈的電阻 如果電阻不在規定範圍內，更換磁場線圈	

5.5.3 儲液罐和乾燥器

儲液罐作為冷媒的膨脹容器和儲罐使用。

由於運行條件不同，例如蒸發器和冷凝器上的熱負荷以及壓縮機轉速等，因此泵入循環迴路內的冷媒量不同。

為了補償這種波動，空調系統安裝了一個儲液罐。來自冷凝器的液態冷媒收集在儲液罐內，蒸發器內冷卻空氣所需要的冷媒繼續流動。

乾燥劑與少量的水發生化學反應並借此將水從循環迴路中清除。根據具體型號，乾燥劑可以吸收6～12g水。吸收量取決於溫度，溫度降低時吸收量提高。

例如，如果溫度為40℃時乾燥器飽和，那麼60℃時水會再次析出。乾燥器還可以過濾掉壓縮機磨損產生的顆粒、安裝時的污物或類似物質。

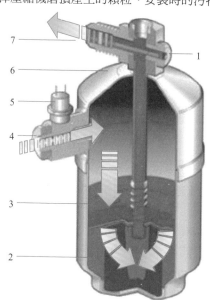

圖5-68　外部儲液罐和乾燥器

1—安全閥；2—過濾乾燥器；3—濾網；4—接口（自冷凝器）；
5—壓力感知器；6—殼體；7—連接膨脹閥的輸出接口

圖解

如圖5-68所示,冷媒從上面進入儲液罐內並沿著殼體內側向下流動,然後必須經過過濾乾燥器以清除水分,冷媒向上流動。乾燥器上方有一個濾網,借此可以過濾可能存在的污物。

濾芯與能夠吸水的海綿相似。分子濾網和矽膠吸附水分,除了水分外活性氧化鋁還可以吸附酸。

在較新的空調系統中,例如BMW的空調系統中,乾燥器集成在冷凝器內,因此不再是獨立的元件。

壓力感知器安裝在儲液罐上,用於監測和限制閉合的製冷迴路壓力比,該感知器根據空調系統內的高壓壓力輸出一個電壓信號,該信號傳輸給引擎控制單元。此後引擎控制單元輸出用於輔助風扇輸出風量的控制電壓,從而控制響應的風扇檔。

冷卻水溫度過高時也會影響輔助風扇的控制。在帶有冷凝器模組(過濾乾燥器結在冷凝器內)的車輛上,壓力感知器安裝在冷凝器與膨脹閥之間的高壓管路內。

5.5.4　蒸發器

(1) 作用

與冷凝器一樣,蒸發器也是一個熱交換器,它完成空調系統的主要任務,即冷卻空氣,因此它必須從流過的空氣中吸收熱量。此外蒸發器還有另一項任務,它從空氣中吸收水分,從而使空氣變乾燥,水分經過冷凝後排到車外。以這種方式乾燥過的空氣可防止車窗玻璃起霧。

(2) 功能

蒸發器從外側吸收空氣中的熱能並將其向內側傳到冷媒上,因此蒸發器以熱交換器方式工作。最重要的因素是從液態變成氣態時通過冷媒吸收能量。這個過程需要較多的熱能,熱能從有空氣流過的鰭片中吸收過來。

在低壓下以及在鼓風機輸送車內熱空氣的情況下,冷媒蒸發。在此冷媒變得很冷。在噴入過程中壓力從以前的10~20bar 降低到約2bar。

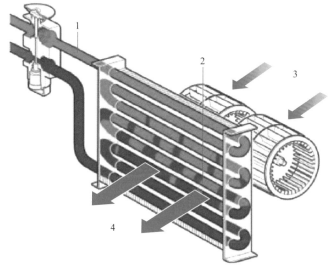

圖5-69　蒸發器上的空氣冷卻過程

1—空調壓力管（2bar）；2—沸點(10℃)；3—進氣（+30℃）；4—出氣（+12℃）

 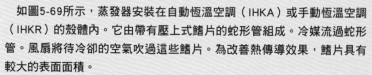

　　如圖5-69所示，蒸發器安裝在自動恆溫空調（IHKA）或手動恆溫空調（IHKR）的殼體內。它由帶有壓上式鰭片的蛇形管組成。冷媒流過蛇形管。風扇將待冷卻的空氣吹過這些鰭片。為改善熱傳導效果，鰭片具有較大的表面面積。

　　為了使液態冷媒盡可能均勻地分布在蒸發器的整個面積上，冷媒噴入蒸發器內後分為多個大小相同的支流。

　　採用這種結構方式可以提高蒸發器的效率。各冷媒支流在蛇形管端部處匯集在一起，然後由壓縮機再次吸入。

5.5.5　冷凝器

（1）作用

冷凝器的任務是將冷媒在壓縮機內壓縮過程中吸收的能量通過散熱片以熱量形式散發到車外空氣中去。從而使之前氣態形式的冷媒重新變為液態形式。在此過程中必須使熱能量釋放出去，以便在冷媒重新注入蒸發器時能夠再次從待冷卻的空氣中吸收熱量。

為了完成自身的任務，冷凝器將利用壓力作用下熱冷媒與較涼車外空氣之間的能量差。

（2）功能

冷凝器內的工作過程分為三個階段：第一階段是，來自壓縮機、壓力為10～25bar、溫度為60～120℃的氣態熱冷媒將其高熱能釋放到車外空氣中；在第二階段冷媒冷凝下來，在此冷媒釋放出較多的能量，以便液化為液體；在第三階段中液態的冷媒繼續釋放出能量。這種狀態稱為冷媒過度冷卻。這也可以防止在至膨脹閥的通道上形成氣泡。

通過過度冷卻可使冷媒釋放出的熱量大於液化時所需要的能量。過度冷卻的冷媒可以在蒸發器內吸收較多能量，因此提高了系統的製冷能力。冷媒在冷凝器內過度冷卻越大，空調系統的製冷能力越高。

緊靠冷凝器前面安裝的輔助風扇可以提供更多的冷空氣。冷媒在冷凝器內保持高壓狀態（10～25bar）。80%～90% 的冷凝器功率消耗在實際冷凝過程中，此時溫度下降30～40℃。

5.5.6　節溫膨脹閥

（1）作用

節溫膨脹閥（TEV）根據蒸發器出口處冷媒蒸氣 「過熱」 參數來調節至蒸發器的冷媒流量。這些在當時運行條件下能夠蒸發的冷媒通過TEV輸送到蒸發器中，這樣即可最有效利用整個熱交換面積。

TEV作為冷媒循環迴路中高壓和低壓部分的一個分隔點安裝在蒸發器前。為了使蒸發器達到最佳製冷能力，系統根據溫度和壓力調節經過膨脹閥的冷媒流量。

（2）功能

　　壓力和溫度通過蒸發器出口處冷媒流過膨脹閥來測量。TEV 頭部測量所吸入冷媒的溫度，冷媒壓力作用在隔膜低側。

　　打開閥門時閥針克服彈簧力向下移動，因此液態冷媒流入蒸發器內。冷媒蒸發，壓力和溫度降低。蒸發器出口處氣態冷媒的壓力和溫度用於通過一個膜片打開和關閉閥門。

> **維修提示**
>
> 　　如果蒸發器出口處的溫度降低，隔膜室內的探測氣體收縮，閥針向上移動並減少至蒸發器的冷媒流量。
>
> 　　如果蒸發器出口處的溫度升高，則這個流量增加。蒸發器出口處壓力升高時將為關閉閥門提供支持。壓力降低時將為打開閥門提供支持。只要空調系統處於運行狀態，這個調節過程就會不斷進行。

5.5.7　空調系統故障診斷（表5-15）

表5-15　空調系統故障診斷（空調壓力異常故障排除）

系統異常壓力	故障表現	可能故障原因	排除方法
駕駛側和乘客側出風口溫度變化超過規定溫度	空調性能不良。輸出（高壓側）和吸入（低壓側）壓力低	冷媒不足	回收、抽空，並按規定量重新填充
輸出（高壓側）壓力異常高	空調壓縮機停止後，壓力快速下降約196kPa，然後逐漸下降	系統中混入了空氣	回收、抽空，並按規定量重新填充
	通過空調冷凝器的氣流減少或沒有	①冷凝器或水箱散熱片堵塞 ②空調冷凝器或水箱風扇不能正常工作	①清潔 ②檢查電壓和風扇轉速 ③檢查風扇轉向
	到空調冷凝器的管路太過於熱	系統中的冷媒無法流動	管路堵塞

續表

系統異常壓力	故障表現	可能故障原因	排除方法
輸出壓力異常高	空調壓縮機停止後不久，高壓側和低壓側壓力保持平衡。低壓側壓力比正常偏高	①空調壓縮機排放閥故障 ②空調壓縮機密封故障	更換空調壓縮機
	膨脹閥出口沒有結霜，低壓側壓力錶顯示真空	①膨脹閥故障 ②系統中有濕氣	①更換 ②回收、抽空，並按規定量重新填充
吸入（低壓側）壓力異常低	膨脹閥沒有結霜，且低壓側壓力管路不冷。低壓側壓力錶顯示真空	①膨脹閥凍結（系統中有濕氣） ②膨脹閥故障	①回收、抽空，並按規定量重新填充 ②更換膨脹閥
	輸出溫度過低，且通風口氣流受阻	蒸發器凍結	在空調壓縮機關閉時運轉風扇，然後檢查蒸發器溫度感知器
	膨脹閥結霜	膨脹閥阻塞	清潔或更換
	儲液器／乾燥器出口較涼，進口較熱（工作時應該變熱）	儲液器／乾燥器堵	更換
吸入壓力異常高	低壓側軟管和檢修口溫度比蒸發器周圍的溫度低	膨脹閥打開時間太過長	修理或更換
	當用水冷卻空調冷凝器時，吸入壓力下降	系統中冷媒過量	回收、抽空，並按規定量重新填充
	一旦空調壓縮機停止，高壓側和低壓側壓力立即趨於平衡，且空調壓縮機運轉時高、低壓側壓力錶指針來回波動	①密封墊故障 ②高壓閥故障 ③異物卡在高壓閥上	更換空調壓縮機
吸入和輸出壓力異常高	通過空調冷凝器的氣流減少	①空調冷凝器或水箱散熱片堵塞 ②空調冷凝器或水箱風扇不能正常工作	①清潔 ②檢查電壓和風扇轉速 ③檢查風扇轉向
吸入和輸出壓力異常低	低壓側軟管和金屬接頭比蒸發器溫度低	低壓側軟管堵塞或扭結	修理或更換
	與儲液器／乾燥器周圍的溫度相比，膨脹閥周圍的溫度過低	高壓側管路堵塞	修理或更換

續表

系統異常壓力	故障表現	可能故障原因	排除方法
冷媒洩漏／壓力異常	空調壓縮機離合器髒污	空調壓縮機軸密封件洩漏	更換空調壓縮機
	空調壓縮機螺栓髒	螺栓周圍洩漏	鎖緊螺栓或更換空調壓縮機
	空調壓縮機密封墊有油污	密封墊洩漏	更換空調壓縮機
	空調接頭髒	O形環洩漏	清洗空調接頭，並更換O形環

第**6**章

底盤系統

汽車維修技能 全程圖解

QICHE WEIXIU JINENG QUANCHENG TUJIE

6.1

懸吊系統

6.1.1　電控液壓懸吊

（1）基本控制及組成

圖6-1　電控液壓懸吊（一）

圖6-2　電控液壓懸吊（二）

圖解

　　如圖6-1、圖6-2所示，電控液壓懸吊由電腦和感知器組成，感知器分別是置於變速箱的輸出軸車速感知器，置於煞車總泵或ABS液壓調節器內的煞車壓力感知器，電子節氣門，置於4個車輪的垂直高度加速度感知器及方向盤轉角感知器。這5個感知器分別向控制單元傳輸相關數據，控制單元接收數據與儲存參數進行比較，調節懸吊高度及硬度狀態。

（2）電控液壓懸吊

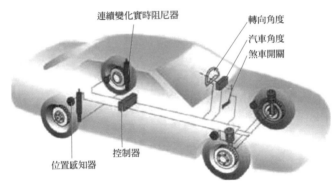

連續變化實時阻尼器　　　　　　　轉向角度
汽車角度
煞車開關
控制器
位置感知器

圖6-3　電控液壓懸吊

圖解

　　如圖6-3所示，電控液壓懸吊使車輛具有防傾斜和保護底盤防止與地面接觸功能，在行駛過程中，可隨時控制升降，在各種路面可安全行駛。

（3）電控液壓懸吊的穩定控制

　　車輛在不同的行駛狀態對懸吊的高度和硬度有不同的要求。

當汽車煞車或轉向時的慣性引起的彈簧變形時，電控液壓懸吊會產生與慣性力相對抗的力，如煞車時增加前懸吊的硬度，有效防止車身重心前移；轉彎時增加外側懸吊硬度，有效防止車輛傾斜和側向震動，達到減小車身位置變化保持穩定舒適性目的。

6.1.2 電控空氣懸吊

電控空氣懸吊是通過電子控制單元計算懸吊的受力及感應路況，實時調整空氣懸吊避震器的剛度和阻尼係數。

 圖解

如圖6-4、圖6-5所示，電控空氣懸吊系統通過空氣彈簧避震器上與帶有壓力感知器的電磁閥體，可以根據需要調整（15～20cm）內對每個空氣彈簧避震器的阻尼進行調節，而避震器上的車輪加速感知器可以為方向操作性和穩定性提供最佳減震力。

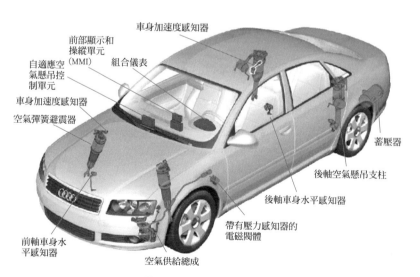

車身加速度感知器
前部顯示和操縱單元（MMI）
組合儀表
自適應空氣懸吊控制單元
車身加速度感知器
空氣彈簧避震器
蓄壓器
後軸空氣懸吊支柱
後軸車身水平感知器
帶有壓力感知器的電磁閥體
前軸車身水平感知器
空氣供給總成

圖6-4　空氣懸吊系統元件

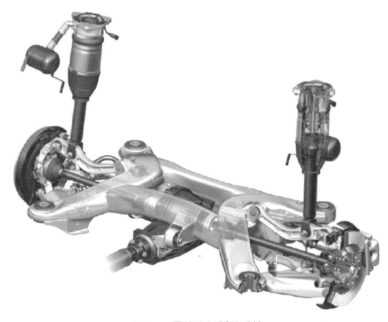

圖6-5 電控空氣懸吊系統

圖6-6 空氣避震器

圖解

　　如圖6-6所示，為了能以最佳的承載寬度來達到行李廂的最大利用容積，後軸的空氣彈簧直徑就被限制到最小的尺寸。而為了滿足舒適要求，空氣的體積又不能太小，為了解決這個矛盾，使用了一個與避震器連在一起的儲氣罐（蓄壓器），用於額外供應空氣。

　　避震器採用的是雙管式充氣避震器，該避震器具有電動連續可調功能，減震活塞的主減震閥是通過彈簧來預張緊的，在該閥的上面有一個電磁線圈，連接電纜通過中空的活塞桿通往外部。

　　減震的阻尼力大小主要由該閥的液體流動阻力來決定的。流過該閥的液壓油的阻力越大，減震的阻尼力也就越大。

6.2

電動式動力輔助轉向系統

　　與液壓轉向系統相比，電動式動力輔助轉向系統的最大的優點就是，在使用電動式動力輔助轉向系統的情況下，不需再配備液壓系統。

圖解

①良好的直線行駛模式（電動式動力輔助轉向系統支持轉向系統回復到直線行駛位置）；

②能夠對轉向命令直接且路感較佳與舒適（這樣就確保了即使在行駛路面凹凸不平的情況下也能達到舒適的轉向反應）；

③這樣就能使駕駛在任何一種行駛狀態下都擁有最佳的駕駛感覺。

　　電動式動力輔助轉向系統結構示意圖見圖6-7、系統網關控制示意圖見圖6-8。

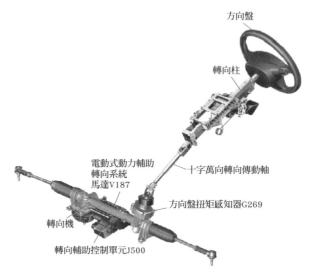

方向盤

轉向柱

電動式動力輔助
轉向系統
馬達V187

十字萬向轉向傳動軸

方向盤扭矩感知器G269

轉向機

轉向輔助控制單元J500

圖6-7　電動式動力輔助轉向系統結構示意

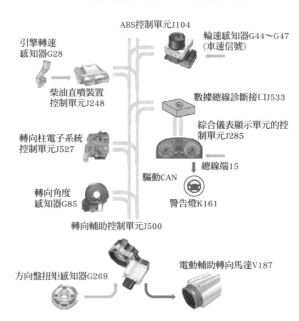

ABS控制單元J104

輪速感知器G44～G47
（車速信號）

引擎轉速
感知器G28

柴油直噴裝置
控制單元J248

數據總線診斷接口J533

綜合儀表顯示單元的控
制單元J285

轉向柱電子系統
控制單元J527

總線端15

轉向角度
感知器G85

驅動CAN

警告燈K161

轉向輔助控制單元J500

方向盤扭矩感知器G269

電動輔助轉向馬達V187

圖6-8　系統網關控制示意

（1）轉向過程作用

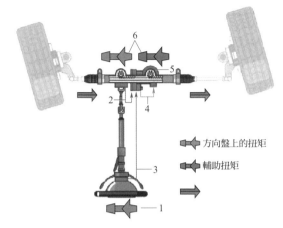

方向盤上的扭矩

輔助扭矩

圖6-9　轉向過程作用

 圖解　

圖6-9所示轉向過程作用如下。

1—駕駛打方向盤時，轉向輔助開始。

2—由於方向盤上轉距的作用，轉向器中的轉距桿轉動。方向盤扭矩感知器G269探測轉距桿的轉動，並將探測到的轉向扭矩傳遞給控制單元J500。

3—轉向角度感知器 G85通知當前轉向角度，而轉子轉速感知器通知當前轉向速度。

4—控制單元根據轉向扭矩、車速、引擎轉速、轉向角度、轉向速度和控制單元中的特性曲線計算出必需的輔助扭矩，並且驅動轉向馬達。

5—由第二個平行作用於齒條的小齒輪來進行轉向輔助。小齒輪的傳動由馬達來進行。馬達通過一個蝸輪傳動裝置和一個傳動小齒輪將轉向輔助力傳遞到齒條上。

6—方向盤上的扭矩和輔助扭矩的總合就是轉向機構上的有效扭矩，由該扭矩來傳動齒條。

（2）駐車時的轉向過程

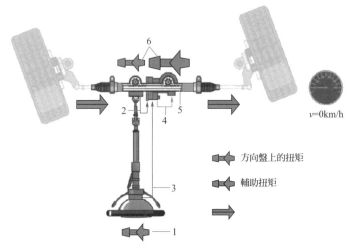

圖6-10　駐車時的轉向過程

圖解

圖6-10所示駐車時的轉向過程如下。

1—駐車時，駕駛用力打方向盤。

2—轉矩桿因此轉動。方向盤扭矩感知器G269探測轉距桿的轉動並通知控制單元J500，方向盤上有一個很大的轉向扭矩。

3—轉向角度感知器G85通知大的轉向角度，而轉子轉速感知器通知當前轉向速度。

4—根據下列參數：很大的轉向扭矩、0km/h的車速、引擎轉速、大的轉向角度、轉向速度和控制單元中的特性曲線（車速為0km/h的特性曲線）、控制單元得知，必須產生一個大的輔助扭矩，繼而啟動轉向馬達。

5—駐車時，通過第二個平行作用於齒條的小齒輪，來達到最大轉向輔助。

6—方向盤上扭矩和最大輔助扭矩的總和就是轉向機構上的有效扭矩，在該扭矩的作用下，齒條移動。

（3）市區行駛時的轉向過程

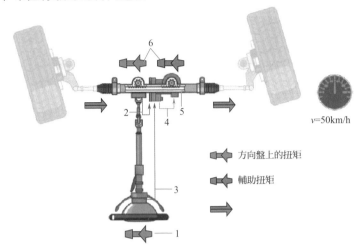

圖6-11　市區行駛時的轉向過程

圖解

圖6-11所示的市區行駛時的轉向過程如下。

1—市區行駛時，駕駛在轉彎時打方向盤。

2—轉矩桿轉動。方向盤扭矩感知器G269獲悉轉距桿轉動，並通知控制單元 J500，方向盤上有一個中等的轉向扭矩。

3—轉向角度感知器G85通知這個中等的轉向角度，而轉子轉速感知器通知當前轉向速度。

4—根據下列參數：中等的轉向扭矩、50km/h的車速、引擎轉速、中等的轉向角度、轉向速度以及控制單元中的特性曲線（車速為50的特性曲線），控制單元獲悉必須產生一個中等的輔助扭矩，並繼而啟動轉向馬達。

5—轉彎時，由第二個平行作用於齒條的小齒輪來進行中等的轉向輔助。

6—方向盤上扭矩和中等輔助扭矩的總和就是轉向機構上的有效扭矩，通過該扭矩傳動齒條。

（4）高速行駛時的轉向過程

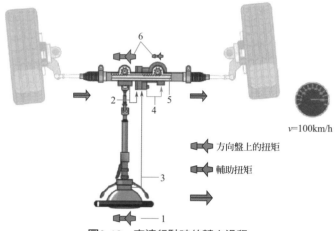

v=100km/h

 方向盤上的扭矩

 輔助扭矩

圖6-12　高速行駛時的轉向過程

👷 **圖解** ≫≫≫

圖6-12所示高速行駛時的轉向過程如下。

1—換車道時，駕駛輕打方向盤。

2—轉距桿因此轉動。方向盤扭矩感知器G269獲悉轉距桿轉動並通知控制單元J500，方向盤上有一個小的扭矩。

3—轉向角度感知器G85通知小轉向角度，而轉子轉速感知器通知當前轉向速度。

4—根據下列參數：一個小的轉向扭矩、100km/h的車速、引擎轉速、小的轉向角度、轉向速度及控制單元中的特性曲線（100km/h車速的特性曲線），控制單元獲悉必須有一個小的輔助扭矩或不需輔助扭矩，並視情況而啟動轉向馬達。

5—高速公路行駛時，由第二個平行作用於齒條的小齒輪來進行一個小的轉向輔助，或者不進行轉向輔助。

6—方向盤上扭矩加上最小輔助扭矩就是換車道時的有效扭矩，該扭矩傳動齒條。

（5）主動式復位

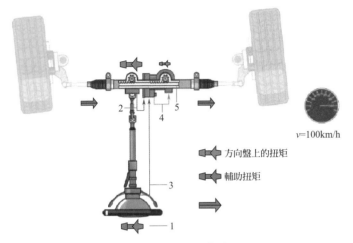

圖6-13　主動式復位

圖解

圖6-13所示主動式復位如下。

1—彎道行駛時，如果駕駛降低了轉向扭矩，轉距桿的張力鬆開。

2—根據降低的轉向扭矩、轉向角度和轉向速度可以計算出一個理論復位速度。將這個理論復位速度與轉向角速度進行比較，可以算出復位扭矩。

3—由於車軸與轉向節的幾何構造，轉向車輪上產生復位力。由於轉向系統和車軸中的摩擦，復位力常常太小，不足以使車輪重新回到直線行駛狀態。

4—通過分析下列參數：車速、引擎轉速、轉向角度、轉向速度及控制單元中的特性曲線，控制單元計算出轉向馬達必須提供多大的扭矩，才能使車輪復位成功。

5—控制單元啟動轉向馬達，這樣車輪就回到了直線行駛。

（6）直線行駛修正

直線行駛修正是一項功能，這個功能通過主動式復位而產生。這裡會產生一個輔助扭矩，在它的作用下，可以使車輛重新回到不需扭矩的直線行駛狀態。這個可以通過以下兩種方式進行。

①長期方式　長期方式就是指對直線行駛中的長期偏差進行補償修正，這種偏差可能會在更換輪胎時出現。

②短期方式　短期方式校正短期偏差。因此，駕駛不需為了對抗側風而「反向轉向」，這樣就減輕了駕駛的負擔。

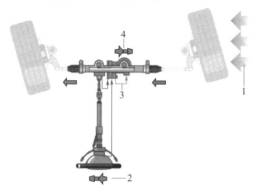

圖6-14　直線行駛修正

圖解

圖6-14所示的直線行駛修正如下。

1—一個恆定的側面力，例如側風，會對車輛產生影響。

2—為了保持車輛能夠直線行駛，駕駛打方向盤。

3—通過分析下列參數：車速、引擎轉速、轉向角度、轉向速度和控制單元中的特性曲線，控制單元可以計算出轉向馬達需要產生多大的扭矩才能進行直線行駛校正。

4—並繼而啟轉向馬達。車輛重新回到直線行駛狀態。駕駛不需再「反向轉向」。

6.3

汽車煞車系統（圖6-15）

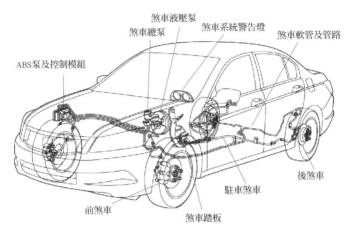

煞車液壓泵
煞車總泵
煞車系統警告燈
煞車軟管及管路
ABS泵及控制模組
後煞車
駐車煞車
前煞車
煞車踏板

圖6-15　汽車煞車系統示意

6.3.1　一般煞車系統

（1）行車煞車

　　駕駛通過踩踏煞車踏板啟用行車煞車（圖6-16），這樣可以隨時控制煞車強度。

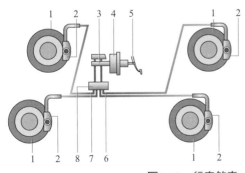

1—煞車碟盤；2—煞車鉗夾；3—煞車總泵；4—煞車真空輔助增壓器；5—煞車踏板；6—後部煞車迴路；7—前部煞車迴路；8—煞車力分配調節單元

圖6-16　行車煞車

圖解

圖6-16所示行車煞車組成及基本結構如下。

①帶有煞車踏板的踏板機構；

②帶有總泵的煞車真空輔助增壓器；

③液壓迴路，帶有煞車力液壓控制調節單元、傳輸煞車力的煞車管路和煞車油補油罐；

④四個車輪煞車，帶有煞車鉗夾、煞車摩擦塊和煞車碟盤。

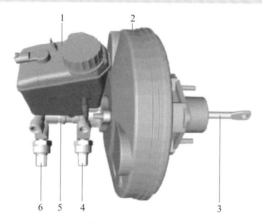

圖6-17　煞車主缸

1—煞車油補油罐；2—煞車真空輔助增壓器；3—連接煞車踏板的連接桿；
4—迴路1的煞車管路接口；5—總泵；6—迴路2的煞車管路接口

 圖解

圖6-17所示為煞車總泵。

煞車真空輔助增壓器以真空氣壓方式將駕駛通過煞車踏板施加的作用力增大。在煞車真空輔助增壓器輸出端裝有一個壓桿。該壓桿操縱總泵內的兩個活塞（分別用於雙煞車迴路）並由此產生液壓系統內的壓力。由於帶有兩個活塞，因此又稱為串列式煞車總泵。

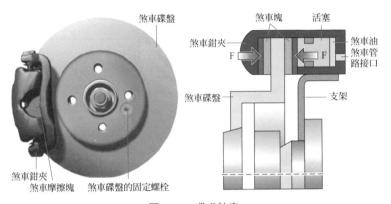

圖6-18　碟式煞車

 圖解

　　圖6-18所示為碟式煞車。

　　在煞車鉗夾上帶有煞車管路接口。踩下煞車時，煞車管路內的液壓壓力就會作用到煞車鉗夾內的活塞上。所產生的壓力將煞車塊壓到煞車碟盤上。通過該壓緊力使煞車塊與煞車碟盤之間產生摩擦。隨即產生的摩擦力阻止車輪移動並對其進行煞車。車輪或整個車輛的動能通過摩擦轉化為熱能。在緊急、反覆減速過程中可能會達到極高溫度，甚至可能會使煞車碟盤變得熾熱。

（2）駐車煞車

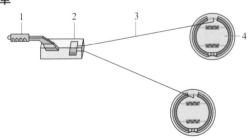

圖6-19　機械駐車煞車

1—駐車煞車手拉柄；2—中繼調整座；3—煞車拉線；4—車輪煞車

圖解

圖6-19所示為機械駐車煞車。

駐車煞車的結構和工作原理在某些方面與行車煞車有很大不同。通過拉桿（踏板）以機械方式操作駐車煞車。

6.3.2　ABS防鎖死系統

（1）基本結構和元件

ABS系統主要組成元件及功用見表6-1。

表6-1　ABS系統主要組成元件及功用

組成元件	功能說明
電動液壓泵	電動泵是一個高壓泵，它可在短時間內將煞車油加壓（在蓄壓器中）到15～18MPa，並給整個液壓系統提供高壓煞車液體。電動泵能在汽車啟動1min內完成上述工作。電動泵的工作獨立於ABS電腦，如果電腦出現故障或接線有問題，電動泵仍能正常工作。
蓄壓器	蓄壓器的結構形式多種多樣。用得較多的為柱塞-彈簧式蓄壓器，該蓄壓器位於電磁閥與回油泵之間，由分泵來的液壓油進入蓄壓器，進而壓縮彈簧使蓄壓器液壓室容積變大，以暫時儲存煞車油。
電磁控制閥	電磁控制閥是液壓調節器的重要元件，由它完成對ABS的控制。ABS系統中都有一個或兩個電磁閥體，其中有若干對電磁控制閥，分別控制前、後輪的煞車。常用的電磁閥有三位三通閥和二位二通閥等多種形式。
報警指示開關	壓力控制開關（PCS）獨立於ABS電腦而工作，監視著蓄壓器下室的壓力。壓力報警開關（PWS）和液面指示開關（FLI）的功能是，當壓力下降到一定值（14MPa以下）時或煞車液面下降到一定程度時，點亮煞車系統故障警告燈和ABS故障警告燈，同時讓ABS電腦停止防鎖死煞車工作。

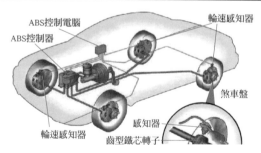

圖6-20　ABS電控系統

圖解

　　如圖6-20所示，ABS是在普通煞車系統的基礎上加裝車輪速度感知器、ABS電腦、煞車壓力調節裝置及煞車控制電路等組成。

　　煞車過程中，ABS（電腦）電腦（ECU）不斷地從感知器和獲取車輪速度信號，並加以處理、分析是否有車輪即將鎖死拖滑。

（2）ABS系統作用

圖解

　　如圖6-21所示，在汽車煞車時，如果車輪鎖死滑移，車輪與路面間的側向附著力將完全消失。如果只是前輪（轉向輪）煞車到鎖死滑移而後輪還在滾動，汽車將失去轉向能力。

　　如果只是後輪煞車到鎖死滑移而前輪還在滾動，即使受到不大的側向干擾力，汽車也將產生側滑（甩尾）現象。這些都極易造成嚴重的交通事故。因此，汽車在煞車時不希望車輪煞車到鎖死滑移，而是希望車輪煞車到邊滾邊滑的狀態。

　　ABS系統通過使用電子元件控制煞車力，當乾燥道路上突然施加煞車時或在濕滑道路上正常施加煞車，煞車力過大會嚴重影響車輪正常轉向，這樣車輪可能會鎖死。當前輪鎖死時轉向系統不能控制車輛，當後輪鎖死時車輛將進入自擺的情況。

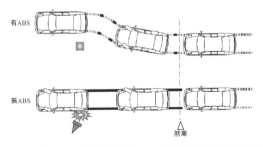

圖6-21　裝備ABS車輛與未裝備ABS的車輛受控轉向性能比較

汽車維修技能　全程圖解 —»

6.3.3 煞車的分解和維修

> **維修提示**　更換煞車摩擦塊後在停車狀態下把煞車踏板多次用力踩到底，使煞車塊達到與其運行狀態對應的位置；拆下煞車鉗或分開煞車油管之前，要安裝煞車踏板加載裝置（工具），這樣就能卸載壓力。

（1）碟式煞車組件及裝配圖

①前輪煞車組件及裝配見圖6-22。

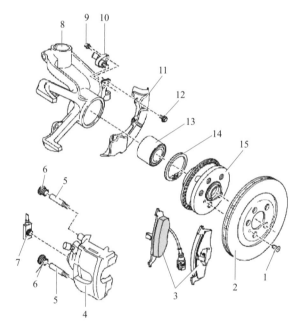

圖6-22　前輪煞車組件及裝配

1—螺栓；2—煞車碟盤；3—煞車摩擦塊；4—煞車鉗夾殼體；5—導向銷；
6—防塵蓋；7—帶環形連接和中空螺栓的煞車油管；8—車輪軸承座；
9—內六角螺栓；10—ABS輪速感知器；11—蓋板；
12—六角螺栓；13—車輪軸承；14—卡簧；15—帶齒圈輪轂

②後輪碟式煞車組件及裝配見圖6-23。

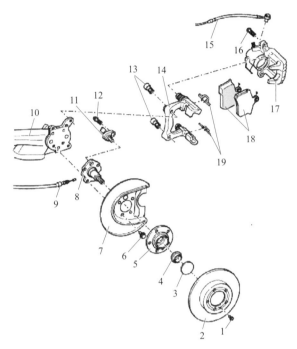

圖6-23　後輪碟式煞車組件及裝配

1—TORX螺栓；2—煞車碟盤；3—護蓋；4—自鎖12角螺帽；5—帶車輪軸承和
齒圈的輪轂；6—六角螺栓；7—蓋板；8—輪轂軸；9—手煞車拉索；10—後軸；
11—ABS輪速感知器；12，13—內六角螺栓；14—帶導向銷和
防塵蓋的煞車鉗夾支架；15—煞車油管；16—自鎖六角螺栓；
17—煞車鉗夾殼體；18—煞車摩擦塊；19—摩擦塊定位彈簧

（2）煞車器拆裝

①拆卸碟式後煞車摩擦塊

維修
提示

　　若需要重複使用，要在煞車摩擦塊上做好標記，安裝時將
其裝到原始位置，以免煞車不平穩。
　　手煞車拉桿位於常態位置。

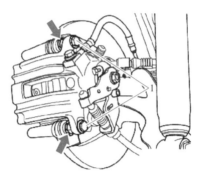

圖6-24　拆裝後煞車摩擦塊（一）

如圖6-24所示，拆下車輪，從煞車鉗夾殼體上轉下固定螺栓1時，應固定住導向銷。

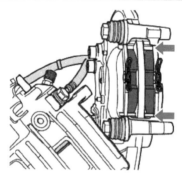

圖6-25　拆裝後煞車摩擦塊（二）

如圖6-25所示，拆下煞車鉗夾殼體並用金屬線固定，以免其重力壓迫或損壞煞車油管；拆下煞車摩擦塊和定位彈簧。

②拆卸碟式後煞車摩擦塊

> 壓回活塞前，用專用吸油器從煞車油儲液罐中吸出煞車油。煞車油有毒，不能用嘴通過軟管吸出煞車油。

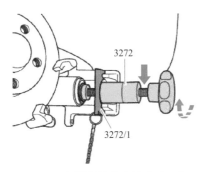

3272

3272/1

圖6-26　拆裝後煞車摩擦塊（三）

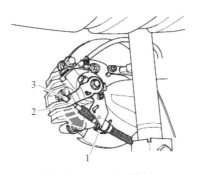

3
2
1

圖6-27 拆卸後煞車鉗夾
1—卡夾；2—煞車桿；3—煞車拉索

 圖解

如圖6-26所示，順時針沿箭頭方向旋轉調整工具（3272）的手轉輪並旋轉鎖入分泵活塞。（碟式駐車煞車型式）

若活塞移動困難，用一開口扳手固定住平台（箭頭所示），旋轉鎖入分泵活塞。

不能用一般活塞調整工具將活塞推回，否則碟式駐車自動調整功能將被破壞。

將煞車摩擦塊和煞車摩擦塊定位彈簧插入煞車鉗夾；用新的自鎖螺栓固定好煞車鉗；調整手煞車；安裝車輪。

③拆卸和安裝碟式後煞車鉗夾

維修
提示

　拆下煞車鉗或拔下煞車軟管之前，要安裝煞車踏板壓下裝置（工具）。

　該工作步驟只適合更換煞車鉗或者下面的檢修工作。

a.拆卸碟式後煞車鉗

　圖解

如圖6-27所示，

①拆下卡夾1，按箭頭方向壓煞車桿2，並且脫開煞車拉索3。

②將抽油器的抽油管插到煞車鉗夾的放空氣螺絲上，然後打開放空氣螺絲。

③安裝煞車踏板壓下裝置（工具）。

④關閉放空氣螺絲並取下抽油器。

⑤取下煞車管。抵住導向銷，從煞車鉗上轉下兩個鎖緊螺栓。從煞車器支架上拆下煞車鉗。

b.安裝碟式後煞車鉗

維修
提示

　活塞被壓回去。（或旋轉壓回）

　將煞車摩擦塊安裝在煞車鉗夾架上的止動彈簧裡。

· 用新的自鎖式螺栓將煞車鉗夾固定在煞車器支架上。

· 將煞車管路鎖到煞車鉗上。

· 煞車裝置放空氣。

· 將彈簧夾裝在手煞車器拉線定位器上。

圖解

　如圖6-27所示，將煞車鉗上的煞車桿2沿箭頭方向壓並將煞車拉索3裝上。

　將卡夾1壓在煞車拉索上。

　調整手煞車。

（3）液壓煞車系統排氣

①預排氣

　a.連接煞車油加注和放空氣裝置（氣動抽油器）。

　b.排氣順序：將左前和右前的煞車鉗同時一起排氣；將左後和右後的煞車鉗同時一起排氣。

　c.插上抽油軟管後打開放空氣螺絲，直至排出的煞車油無氣泡為止。接著通過功能「基本設置」用測試儀VAS 5051再次對液壓單元排氣（以福斯車系為例）。

②正常排氣

　a.連接煞車油加注和放空氣裝置（氣動抽油器）。

　b.以規定的順序打開放空氣螺絲並對煞車鉗排氣：左前煞車鉗；右前煞車鉗；左後煞車鉗；右後煞車鉗。

使用合適的抽油軟管，且必須鎖緊在放空氣螺絲上，以避免空氣進入煞車裝置。

　c.在插上抽油瓶軟管後打開煞車鉗放空氣螺絲，直至排出的煞車液無氣泡為止。

③再次排氣

　a.用力踩下煞車踏板並踩住。

　b.打開煞車鉗上的放空氣螺絲。

　c.將煞車踏板踩到底。

　d.在踏板踩下時關閉放空氣螺絲。

　e.慢慢鬆開煞車踏板。

維修 提示	每個煞車鉗必須進行5次排氣。

排氣順序：左前煞車鉗；右前煞車鉗；左後煞車鉗；右後煞車鉗。

排氣後必須進行試車，同時必須至少進行一次ABS調節。

參考文獻

[1] Wilfried Staudt・汽車機電技術（一）學習領域1—4 [M]・華晨BMW汽車有限公司譯・北京：機械工業出版社，2008・

[2] Wilfried Staudt・汽車機電技術（二）學習領域5—8 [M]・華晨BMW汽車有限公司譯・北京：機械工業出版社，2009・

[3] 霍爾貝克・汽車燃油和排放控制系統結構、診斷與維修[M]・葛蘊珊譯・北京：機械工業出版社，2007・

[4] Tom Denton著・汽車故障診斷先進技術 [M]・張雲文譯・北京：機械工業出版社，2009・

[5] BOSCH公司・BOSCH 汽油引擎管理系統[M]・吳森等譯・北京：北京理工大學出版社，2002・

[6] 黎亞洲・汽車電器系統維修技術 [M]・北京：機械工業出版社，2009・

[7] 陳煥江・汽車檢測與診斷 [M]・北京：機械工業出版社，2001・

[8] 鄒德偉・汽車引擎電控技術實用教程 [M]・天津：天津大學出版社，2009・

[9] 趙福堂，渠樺，解建光・現代汽車檢測診斷與維修 [M]・北京：北京理工大學出版社，2005・

[10] 李玉茂・汽車引擎電控系統原理與維修・[M]・北京：機械工業出版社，2010・

[11] 劉革・機動車維修行業必備知識[M]・北京：機械工業出版社，2007・

[12] 方勇・汽車構造[M]・北京：化學工業出版社，2008・

[13] 肖雲魁・汽車故障診斷學[M]・北京：北京理工大學出版社，2001・

[14] 胡光輝，仇雅莉・汽車自動變速箱原理與檢修[M]・北京：機械工業出版社，2007・

[15] 翟庭傑・汽車自動變速箱原理與維修[M]・北京：機械工業出版社，2011・

[16] 陳勇・汽車車身電器設備維修典型案例分析與解讀[M]・南京：江蘇科學技術出版社，2010・

[17] 王盛良・汽車底盤與車身電控技術於檢修[M]・北京：機械工業出版社，2009・

[18] 嵇偉・汽車汽車底盤故障診斷與分析 [M]・北京：機械工業出版社，2009・

[19] 陳新亞・大畫汽車[M]・北京：化學工業出版社，2010・

[20] 中國就業培訓技術指導中心・汽車維修工[M]・北京：中國勞動保障出版社，2007・

[21] 張儀・帶OBD車型維修進價技巧[M]・北京：機械工業出版社，2011・

[22] 毛彩雲，陳學深・汽車新技術及典型故障診斷維修[M]・北京：機械工業出版社，2010・

[23] 周曉飛・看圖學汽車維修技能[M]・北京：化學工業出版社，2011・